技工院校一体化课程教学改革电梯工程技术专业教材

# 电梯电气设备大修

人力资源社会保障部教材办公室组织编写

中国劳动社会保障出版社

**内容简介**

本书主要内容包括电梯变频器烧毁故障检修和电梯PLC烧毁故障检修两个学习任务。

**图书在版编目(CIP)数据**

电梯电气设备大修 / 人力资源社会保障部教材办公室组织编写. -- 北京：中国劳动社会保障出版社，2020

技工院校一体化课程教学改革电梯工程技术专业教材

ISBN 978-7-5167-4557-1

Ⅰ.①电… Ⅱ.①人… Ⅲ.①电梯-电气设备-维修-技工学校-教材 Ⅳ.①TU857

中国版本图书馆CIP数据核字（2020）第128465号

**中国劳动社会保障出版社出版发行**

（北京市惠新东街1号 邮政编码：100029）

*

三河市华骏印务包装有限公司印刷装订 新华书店经销

787毫米×1092毫米 16开本 9.25印张 162千字

2020年8月第1版 2024年5月第2次印刷

**定价：19.00元**

营销中心电话：400-606-6496

出版社网址：http://www.class.com.cn

http://jg.class.com.cn

# 技工院校一体化课程教学改革教材编委会名单

**编审委员会**

主　任：汤　涛

副主任：张立新　王晓君　张　斌　冯　政　刘　康　袁　芳

委　员：王　飞　杨　奕　何绪军　张　伟　杜庚星　葛恒双
　　　　蔡　兵　刘素华　李荣生

**编审人员**

主　编：崔晓钢

副主编：李跃华

参　编：赵四化　陶丽芝　梁治强　潘典旺

主　审：闫莉丽

# ■ 序

习近平总书记指示："职业教育是国民教育体系和人力资源开发的重要组成部分，是广大青年打开通往成功成才大门的重要途径，肩负着培养多样化人才、传承技术技能、促进就业创业的重要职责，必须高度重视、加快发展。"技工教育是职业教育的重要组成部分，是系统培养技能人才的重要途径。多年来，技工院校始终紧紧围绕国家经济发展和劳动者就业，以满足经济发展和企业对技术工人的需求为办学宗旨，既注重包括专业技能在内的综合职业能力的培养，也强调精益求精的工匠精神的培育，为国家培养了大批生产一线技能劳动者和后备高技能人才。

随着加快转变经济发展方式、推进经济结构调整以及大力发展高端制造业等新兴战略性产业，迫切需要加快培养一批具有高超技艺的技能人才。为了进一步发挥技工院校在技能人才培养中的基础作用，切实提高培养质量，从2009年开始，我部借鉴国内外职业教育先进经验，在全国200余所技工院校先后启动了三批共计32个专业（课程）的一体化课程教学改革试点工作，推进以职业活动为导向，以校企合作为基础，以综合职业能力培养为核心，理论教学与技能操作融会贯通的一体化课程教学改革。这项改革试点将传统的以学历为基础的职业教育转变为以职业技能为基础的职业能力教育，促进了职业教育从知识教育向能力培养转变，努力实现"教、学、做"融为一体，收到了积极成效。改革试点得到了学校师生的充分认可，普遍反映一体化课程教学改革是技工院校一次"教学革命"，学生的学习热情、综合素质和教学组织形式、教学手段都发生了根本性变化。试点的成果表明，一体化课程教学改革是转变技能人才培养模式的重要抓手，是推动技工院校改革发展的重要举措，也是人力资源社会保障部门加强技工教育和职业培训工作的一个重点项目。

教学改革的成果最终要以教材为载体进行体现和传播。根据我部推进一体化课程教学改革的要求，一体化课程教学改革专家、几百位试点院校的骨干教师以及中国人力资源和社会保障出版集团的编辑团队，组织实施了一体化课程教学改革试点，并将试点中形成的课程成果进行了整理、提炼，汇编成教材。第一批试点专业教材2012年正式出版后，得到了院校的认可，我们于2019年启动了第一批试点专业教材的修订工作，将于2020年出版。同时，第二批、第三批试点专业教材经过试用、修改完善，也将陆续正式出版。希望全国技工院校将一体化课程教学改革作为创新人才培养模式、提高人才培养质量的重要抓手，进一步推动教学改革，促进内涵发展，提升办学质量，为加快培养合格的技能人才做出新的更大贡献！

技工院校一体化课程教学改革
教材编委会
2020年5月

# 目　录

# 学习任务一　电梯变频器烧毁故障检修

## 学习目标

1. 能根据电梯变频器大修任务单，明确工作目标、内容与要求。

2. 熟悉电梯变频拖动系统，能分析变频器的常见故障。

3. 能根据电梯变频器大修任务单，制订大修方案，并合理进行人员分工。

4. 能根据电梯变频器大修方案，领取相关工具、材料和仪器，并检查其好坏。

5. 能根据电梯变频器大修方案，按步骤实施大修任务，包括变频器的安装、变频器 PU 控制、变频器外部端子控制、变频器模拟量输入端子调速、变频器控制端子多段速调速、变频器控制参数设置等。

6. 能主动获取有效信息，展示工作成果，对学习与工作进行总结反思，并能与他人开展良好合作，进行有效沟通。

## 建议学时

108 学时

## 工作情景描述

某小区一部 30 层 /30 站、速度为 1.75 m/s、载重 1 000 kg GVF 型号的电梯发生停梯故障，电梯维修作业人员经现场检查，发现变频器电源灯不亮，打开变频器外罩发现电路板有烧焦痕迹，向维保主管汇报，经维保公司与物业公司协商，该电梯已运行十多年，变频器部件整体老化，维修价值不大，决定对该电梯进行一次大修，更换新的变频器，工期为

4 天，完成后交付验收。

## 工作流程与活动

学习活动 1　明确电梯变频器大修任务（6 学时）

学习活动 2　制订电梯变频器大修方案（6 学时）

学习活动 3　实施电梯变频器大修作业（90 学时）

学习活动 4　工作总结与评价（6 学时）

# 学习活动1　明确电梯变频器大修任务

## 学习目标

1. 能正确填写电梯变频器大修任务单，明确工作目标、内容与要求。
2. 熟悉电梯变频拖动系统。
3. 能进行变频器常见故障的分析。

建议学时　6学时

## 学习过程

### 一、填写电梯变频器大修任务单

电梯维修作业人员从维保主管处领取电梯变频器大修任务单，勘查现场，并与电梯使用单位沟通，获取电梯及其变频器的基本参数，了解故障情况。

电梯变频器大修任务单

类别：□主控制系统　□变频拖动系统　□曳引系统　□导向系统　□门系统

日期：　　年　　月　　日

| 用户名称 | | | |
|---|---|---|---|
| 用户地址 | | | |
| 故障现象 | | | |
| 申报时间 | | 完工时间 | |
| 申报单位 | | 大修单位 | |
| 电梯型号 | | 生产厂家 | |
| 控制方式 | | 载重 | |

续表

| 速度 | | 层站 | |
|---|---|---|---|
| 主控制器型号 | | 变频器型号 | |
| 大修人员姓名 | | 大修人员工号 | |
| 故障分析 | | | |
| 大修意见 | | | |
| 验收意见 | | 验收人 | |

## 二、认识电梯变频拖动系统

根据大修任务单，进行现场勘查，查阅电梯厂家随机资料、电梯安装维护说明书等，了解需大修电梯的变频拖动系统，填写电梯变频拖动系统认识表。

电梯变频拖动系统认识表

| 1. 认识电梯变频拖动系统。 | |
|---|---|
| 图示 | 说明 |
| 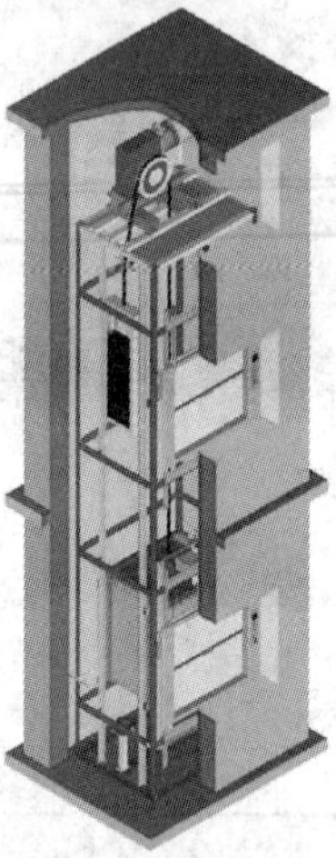 | 电梯由机械部分和电气部分组成。机械部分构成了电梯运动的主体结构，但如果缺少驱动与控制，电梯将不能运行和操作。驱动与控制由________完成<br>电梯的电气部分主要由________和________组成 |
|  | 电梯变频拖动系统的组成：________<br>________<br>________<br>________<br>________<br>________ |

续表

2．绘制电梯控制系统原理框图并简述其工作过程。

3．认识电梯变频拖动系统调速的分类、特点及适用场合。

| 分类 | 特点 | 适用场合 |
| --- | --- | --- |
| 交流变极调速 | | |
| 交流调压调速 | | |
| 变频变压调速 | | |

续表

4．认识电梯常用变频器。

电梯常用变频器的品牌有通力、三菱、西威（OTIS）、安川、汇川、新时达等，根据实物图填写对应变频器的品牌。

| 实物图 | 品牌 | 实物图 | 品牌 |
| --- | --- | --- | --- |
|  |  |  |  |
|  |  |  |  |

5．安川 A1000 变频器型号解读。

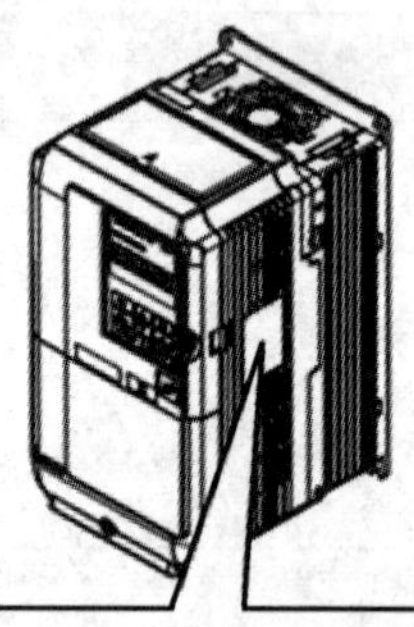

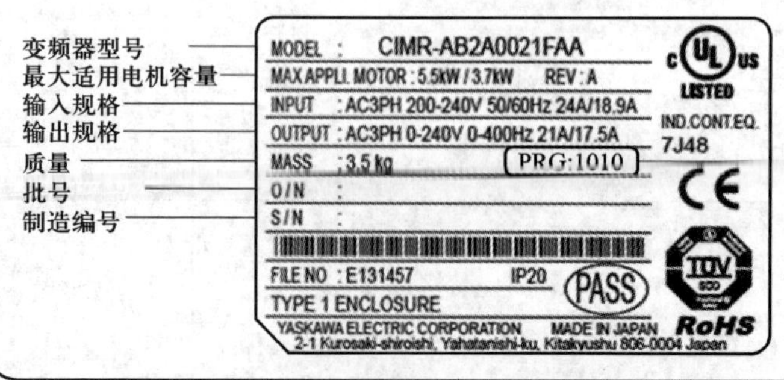


安川 A1000 变频器的铭牌

续表

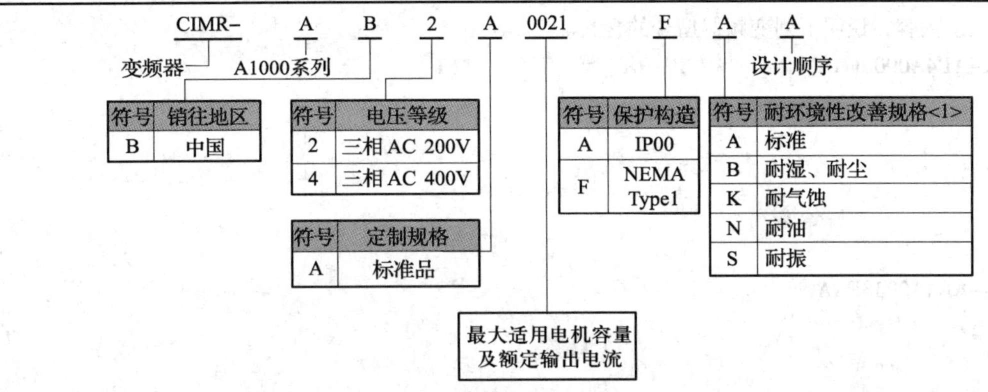


安川 A1000 变频器的型号含义

安川 A1000 变频器重载和轻载时对应的最大适用电机容量及额定输出电流（三相 AC 400 V）见下表。

| 重载额定（HD）（C6-01=0） | | | 轻载额定（ND）（C6-01=1） | | |
|---|---|---|---|---|---|
| 符号 | 最大适用电机容量（kW） | 额定输出电流（A） | 符号 | 最大适用电机容量（kW） | 额定输出电流（A） |
| 0002 | 0.4 | 1.8 | 0002 | 0.75 | 2.1 |
| 0004 | 0.75 | 3.4 | 0004 | 1.5 | 4.1 |
| 0005 | 1.5 | 4.8 | 0005 | 2.2 | 5.4 |
| 0007 | 2.2 | 5.5 | 0007 | 3.0 | 6.9 |
| 0009 | 3.0 | 7.2 | 0009 | 3.7 | 8.8 |
| 0011 | 3.7 | 9.2 | 0011 | 5.5 | 11.1 |
| 0018 | 5.5 | 14.8 | 0018 | 7.5 | 17.5 |
| 0023 | 7.5 | 18 | 0023 | 11 | 23 |
| 0031 | 11 | 24 | 0031 | 15 | 31 |
| 0038 | 15 | 31 | 0038 | 18.5 | 38 |
| 0044 | 18.5 | 39 | 0044 | 22 | 44 |
| 0058 | 22 | 45 | 0058 | 30 | 58 |
| 0072 | 30 | 60 | 0072 | 37 | 72 |
| 0088 | 37 | 75 | 0088 | 45 | 88 |
| 0103 | 45 | 91 | 0103 | 55 | 103 |
| 0139 | 55 | 112 | 0139 | 75 | 139 |
| 0165 | 75 | 150 | 0165 | 90 | 165 |
| 0208 | 90 | 180 | 0208 | 110 | 208 |
| 0250 | 110 | 216 | 0250 | 132 | 250 |
| 0296 | 132 | 260 | 0296 | 160 | 296 |
| 0362 | 160 | 304 | 0362 | 185 | 362 |
| 0414 | 185 | 370 | 0414 | 220 | 414 |
| 0515 | 220 | 450 | 0515 | 250 | 515 |
| 0675 | 315 | 605 | 0675 | 355 | 675 |

续表

根据以上内容，说明下列变频器型号的含义。

CIMR-AB4A0002FAA：

CIMR-AB4A0038FAA：

6. 获取故障变频器的参数。

根据故障变频器的铭牌，获取相关参数。

故障变频器的铭牌

| 项目 | 品牌、型号或数值 |
| --- | --- |
| 变频器品牌 | |
| 变频器型号 | |
| 输入电压和相数 | |
| 输入电流额定值 | |
| 输出电压额定值 | |
| 输出电流额定值 | |
| 最大适用电机容量 | |

续表

| 7. 认识变频器的主要技术参数。<br>（1）在我国中小容量变频器中，输入电压的额定值有哪几种（均为线电压）？<br><br><br>（2）变频器输出电压额定值 $U_N$（V）：因为变频器在变频的同时也要变压，所以输出电压的额定值是指输出电压中的________________。在大多数情况下，它就是输出频率等于__________时的输出电压值。<br>（3）变频器输出电流额定值 $I_N$（A）：变频器输出电流额定值是指__________________，是用户选择变频器时的主要依据。<br>（4）变频器输出容量 $S_N$（kV · A）：$S_N$ 与 $U_N$ 和 $I_N$ 的关系为__________________。<br>（5）最大适用电机容量 $P_N$（kW）：写出变频器最大适用电机容量的估算公式。<br><br><br>变频器铭牌上的“最大适用电机容量”是针对____________而言的，若拖动的电机是六极或其他，那么变频器最大适用电机容量需__________。<br>（6）变频器的过载能力：变频器的过载能力是指变频器的输出电流超过额定电流的允许范围和时间，大多数变频器都规定为__________或__________。 |
| --- |

## 三、变频器常见故障分析

变频器常见故障分析表

| 1. 认识变频器的保护功能。<br>变频器一般具有比较完善的__________、________和__________。当变频调速系统出现故障时，轻微故障会引起变频器__________，在变频器操作面板上会显示____________，查看变频器的说明书就可以找到故障原因，分析故障范围，经过测试确认故障点并进行维修。 |
| --- |
| 2. 变频器常见的保护功能有哪些？ |

续表

3．认识变频器本体烧毁故障。

严重的故障有可能会损坏变频器本身的电路部分，此时就要将变频器返回厂家进行维修，或者________________。

变频器内部电路板

# 学习活动 2　制订电梯变频器大修方案

## 学习目标

1. 熟悉电梯控制柜的内部结构。
2. 能制订电梯变频器大修方案。
3. 能检测电梯变频器大修常用工具、材料和仪器的好坏。
4. 能正确选择变频器的型号。

建议学时　6 学时

## 学习过程

### 一、认识电梯控制柜的内部结构

电梯控制柜内部结构认识表

电梯控制柜是集中装配电梯控制系统中的定向、加 / 减速、停止等____________________和____________，控制电工、电子器件及相关器件的装置，是电梯控制系统的中心，是管理、控制电梯和分析、判断电梯故障的平台。根据电梯控制柜实物图，写出各组成部分的名称。

电梯控制柜实物图

续表

| 代号 | 名称 |
| --- | --- |
| A | |
| B | |
| C | |
| D | |
| E | |

## 二、制订大修方案

根据电梯变频器大修的要求，制订电梯变频器大修方案。

电梯变频器大修方案表

| 1. 电梯型号 | |
| --- | --- |
| 2. 变频器型号 | |
| 3. 所需的工具、材料和仪器 | |
| 4. 大修流程 | |

5. 人员分工

| 序号 | 工作内容 | 负责人 | 计划完成时间 | 备注 |
| --- | --- | --- | --- | --- |
| 1 | | | | |
| 2 | | | | |
| 3 | | | | |
| 4 | | | | |
| 5 | | | | |

## 三、领取并检查工具、材料和仪器

领取相关物料（工具、材料和仪器），了解相关工具和仪器的使用方法，检查工具、材料和仪器的好坏。

工具、材料和仪器清单

| 序号 | 物料名称 | 数量 | 检查内容 | 检查合格打“√” | 问题记录 |
|---|---|---|---|---|---|
| 1 | 安全帽 | 1 | 外观是否有裂纹、碰伤、凹凸不平、磨损；帽衬是否完整，帽衬的结构是否处于正常状态 | □ | |
| 2 | 工作服 | 1 | 拉链是否完整、使用正常，纽扣是否完整、使用正常 | □ | |
| 3 | 安全鞋 | 1 | 钢头是否压扁或有冲击现象，上皮革是否破损、有裂痕，接缝是否有开裂、线脱落，鞋底是否磨损、龟裂、老化，鞋带、鞋眼是否正常，鞋内底是否破损 | □ | |
| 4 | 验电笔 | 1 | 笔里是否有安全电阻，笔有无损坏，笔有无受潮或进水 | □ | |
| 5 | 钳形电流表 | 1 | 外观是否完好，钳口有无锈蚀，钳口运行是否灵活，电池电量是否充足 | □ | |
| 6 | 万用表 | 1 | 外观是否完好，电阻挡是否正常，直流电压挡是否正常，交流电压挡是否正常，零配件是否齐全，电池电量是否充足 | □ | |
| 7 | 兆欧表 | 1 | 外观是否完好，零配件是否齐全，开路试验是否正常，短路试验是否正常 | □ | |
| 8 | 剥线钳 | 1 | 把手胶柄是否完好，本体有无破损、变形，钳口动作是否灵活 | □ | |
| 9 | 电工胶布 | 若干 | 质量是否合格 | □ | |
| 10 | 十字旋具 | 1 | 外观是否完好，刀头部分有无损坏 | □ | |
| 11 | 一字旋具 | 1 | 外观是否完好，刀头部分有无损坏 | □ | |
| 12 | 安川 A1000 变频器 | 1 | 领用新变频器，检查外观是否完好 | □ | |

## 四、变频器型号符合性检查

变频器型号符合性检查

1．电梯的负载特性

曳引电梯负载力矩的方向随轿厢载荷不同而变化，负载力矩的方向由________和__________的重力差决定。

2．电梯电机四象限运行

| 图示 | 说明 |
|---|---|
| 正向回馈（−）② / 正向电动（+）① / 反向电动（+）③ / 反向回馈（−）④（图中标注：M、W、重力） | ①－电梯重载上行，电机处于电动状态，工作在第Ⅰ象限 |
| | ②－ |
| | ③－ |
| | ④－ |

3．不同负载的变频器选择

变频器的选型包括____________和____________两个方面。

类型选择主要考虑负载的__________，容量选择主要考虑____________________。

| 负载类型 | 特点 | 变频器类型选择 |
|---|---|---|
| （1）风机、泵类负载（二次方律负载） | | |
| （2）恒转矩类负载（挤压机、搅拌机、传送带、起重机等） | | |
| （3）恒功率类负载（机床主轴、轧钢机、造纸机、卷曲机等） | | |
| （4）动、静态性能要求高的负载（电力机车、电梯、交流伺服系统等） | | |

续表

4．变频器的控制方式选择

变频器的控制方式有哪 4 种类型？选用原则是什么？

5．变频器的容量选择

变频器的容量可以用______、______和______来表示。

不同于常见的连续运行负载（其电机在额定电流以下连续运行），电梯的电机工作启停频繁，电梯变频器的容量比电机的容量至少增加______。

6．新变频器参数记录

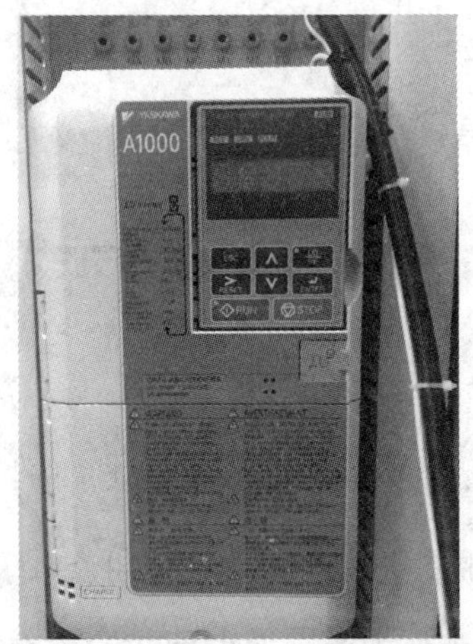

变频器的外观和铭牌

| 项目 | 品牌、型号或数值 | 项目 | 品牌、型号或数值 |
| --- | --- | --- | --- |
| 变频器品牌 | | 变频器型号 | |
| 输入电压额定值 | | 输出电压额定值 | |
| 输入电流额定值 | | 输出电流额定值 | |
| 最大适用电机容量 | | | |

# 学习活动3　实施电梯变频器大修作业

## 学习目标

1. 能进行变频器的安装操作。
2. 能进行变频器 PU 控制操作。
3. 能进行变频器外部端子控制操作。
4. 能进行变频器模拟量输入端子调速操作。
5. 能进行变频器控制端子多段速调速操作。
6. 能进行变频器控制参数设置操作。

建议学时　90 学时

## 学习过程

根据大修方案，按步骤实施大修任务，包括变频器的安装、变频器 PU 控制、变频器外部端子控制、变频器模拟量输入端子调速、变频器控制端子多段速调速、变频器控制参数设置等。

### 一、变频器的安装

1．检查变频器的安装环境

变频器安装环境要求

| 1．环境温度<br>封闭壁挂型变频器：________________℃；柜内安装型变频器：______________________℃。<br>当环境温度大于变频器规定温度时，变频器要降额使用，每升高 1℃，其额定输出电流需减小__________，或采取相应的______________措施。 |
| --- |

续表

2．湿度

__________RH 以下，避免变频器______________。

3．环境要求

（1）无油雾、腐蚀性气体、易燃性气体、尘埃等的场所。

（2）金属粉末、油、水等异物不会进入变频器内部的场所。

（3）无放射性物质、易燃物的场所。

（4）无有害气体及液体的场所。

（5）盐蚀少的场所。

（6）无阳光直射的场所。

4．海拔

海拔在__________m 以下可输出额定功率，超过__________m，变频器的散热能力下降，最大输出电流和电压都要降额使用。海拔每超过__________m，额定电流减小_________%，可安装的海拔最高为___________m。

画出变频器额定输出电流减小率 $I_{out}\%$ 与安装地点海拔 $H$ 的关系图。

$I_{out}\%$
100
90
80
70
60
50
0　1000　2000　3000　$H$（m）

额定输出电流减小率 $I_{out}\%$ 与安装地点海拔 $H$ 的关系图

5．耐振

10 ~ 20 Hz 时为 1 g（9.8 m/s$^2$）；20 ~ 55 Hz 时为 0.6 g（5.9 m/s$^2$）。

2．认识变频器的结构

变频器外部结构认识表

根据安川 A1000 变频器（CIMR-AB4A0002FAA）的实物图及组成结构图，填写各代号对应的名称。

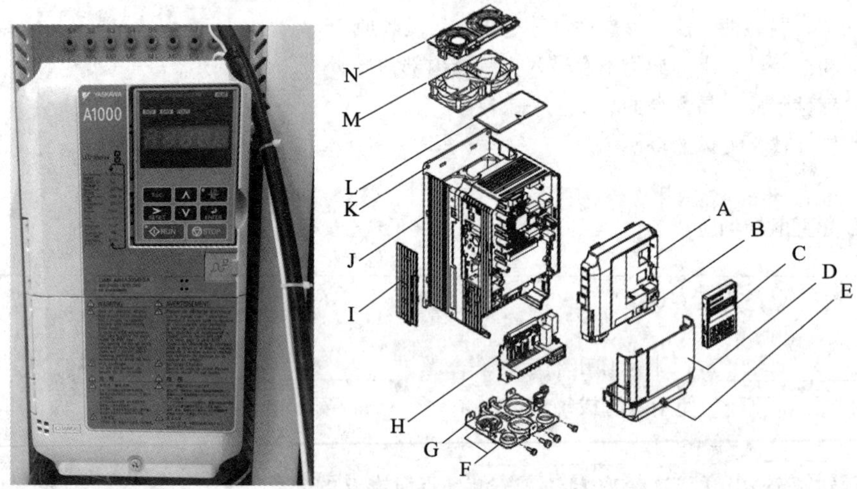


实物图及组成结构图 1

| 代号 | 名称 | 代号 | 名称 |
|---|---|---|---|
| A | | H | |
| B | | I | |
| C | | J | |
| D | | K | |
| E | | L | |
| F | | M | |
| G | | N | |

续表

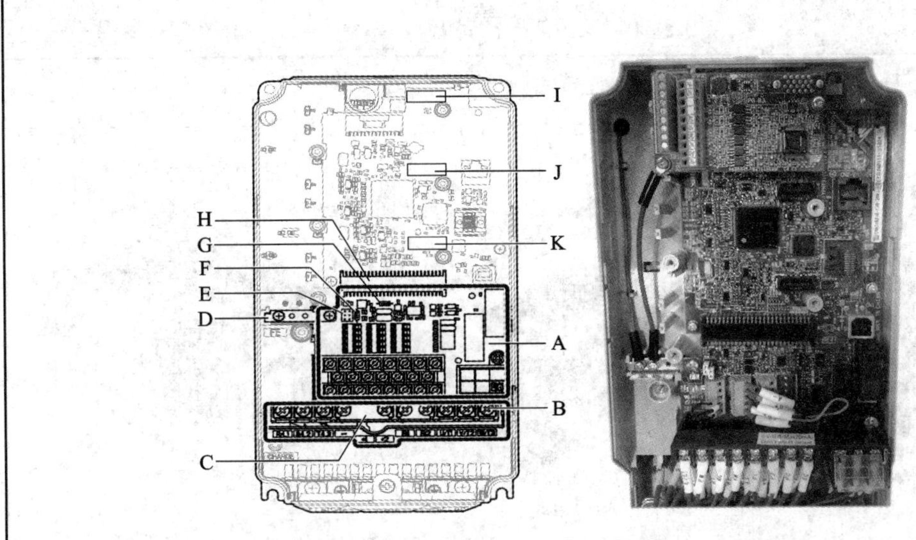


实物图及组成结构图 2

| 代号 | 名称 | 代号 | 名称 |
|---|---|---|---|
| A | | G | |
| B | | H | |
| C | | I | |
| D | | J | |
| E | | K | |
| F | | | |

3．变频器安装的操作要求

变频器安装的操作要求

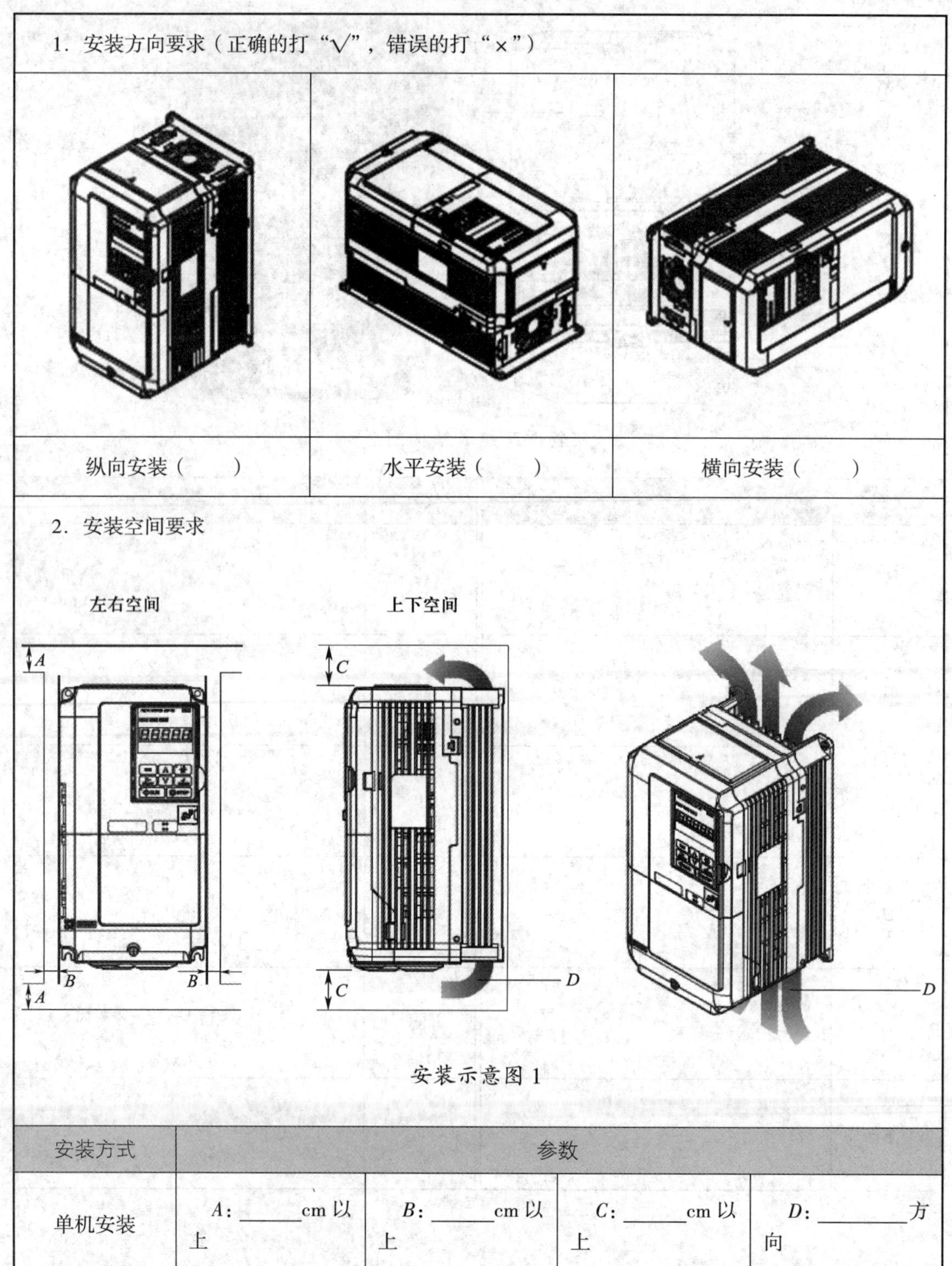


| 1．安装方向要求（正确的打“√”，错误的打“×”） | | |
| --- | --- | --- |
| 纵向安装（　　） | 水平安装（　　） | 横向安装（　　） |

2．安装空间要求

安装示意图 1

| 安装方式 | 参数 | | | |
| --- | --- | --- | --- | --- |
| 单机安装 | *A*：______cm 以上 | *B*：______cm 以上 | *C*：______cm 以上 | *D*：________方向 |

续表

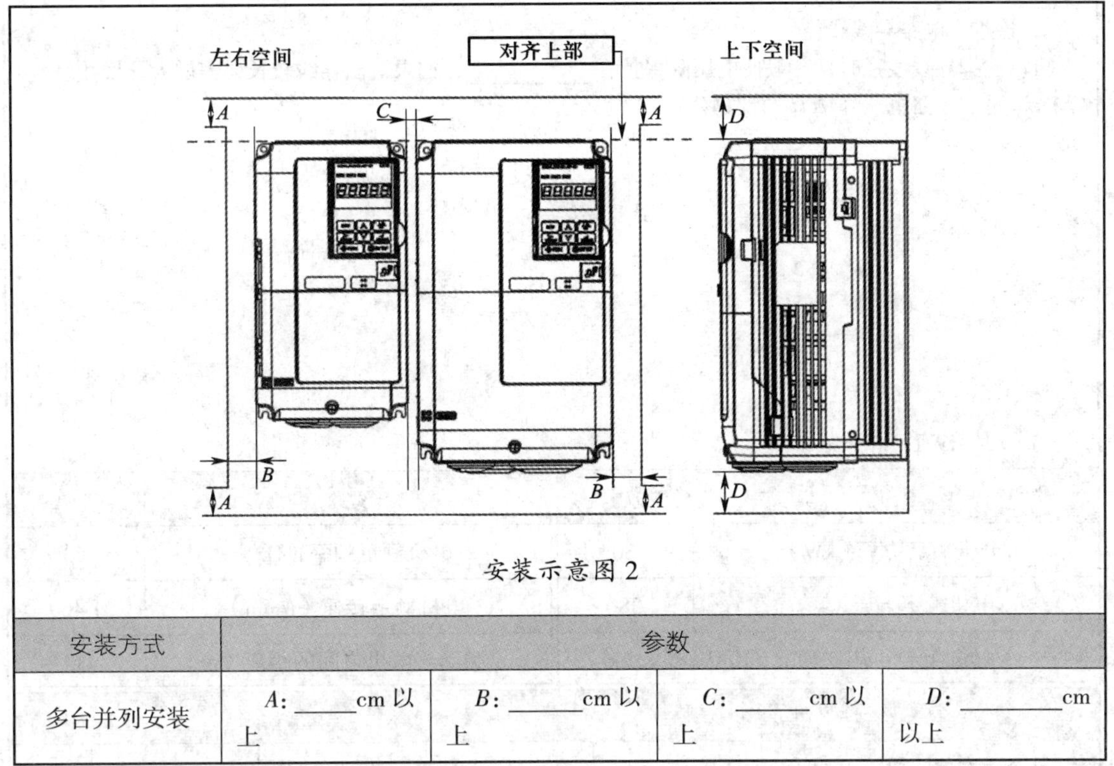


安装示意图 2

| 安装方式 | 参数 | | | |
|---|---|---|---|---|
| 多台并列安装 | A：______cm 以上 | B：______cm 以上 | C：______cm 以上 | D：________cm 以上 |

4．检查变频器的连接导线

检查变频器的连接导线

1. 认识连接导线

| 图示 | 说明 |
|---|---|
| 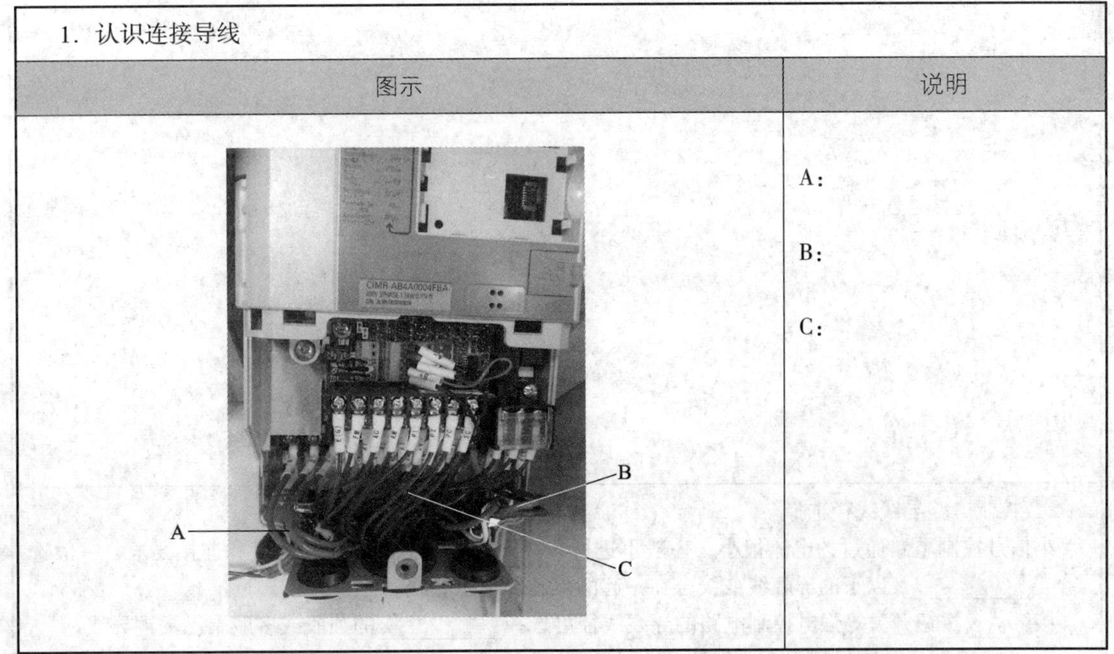 | A：<br>B：<br>C： |

续表

2. 检查主电路导线线径

（1）选择导线线径时，一般使电压降保持在__________，如果输出导线较长，需增大导线线径。

（2）写出线路电压降 $\Delta U$ 的计算公式：

（3）现场检查，相关数据如下：

| 参数 | 数值 | 参数 | 数值 |
|---|---|---|---|
| 电机额定功率（kW） | 30 | 电机额定频率（Hz） | 50 |
| 电机额定电压（V） | 380 | 电机额定转速（r/min） | 1 460 |
| 电机额定电流（A） | 57.6 | 变频器与电机之间的距离（m） | 30 |

| 参数 | 数值 | | | | | | | | |
|---|---|---|---|---|---|---|---|---|---|
| 导线标称截面积（$mm^2$） | 1.0 | 1.5 | 2.5 | 4.0 | 6.0 | 10.0 | 16.0 | 25.0 | 35.0 |
| $R_0$（mΩ/m） | 17.8 | 11.9 | 6.92 | 4.40 | 2.92 | 1.73 | 1.10 | 0.69 | 0.49 |

主电路应选用的导线标称截面积为多少？说明理由。

3. 控制电路导线线径选择

小信号控制电路通过的电流很小，一般不进行线径计算。考虑到导线的强度和连接要求，一般选择__________及以下的屏蔽线或绞合在一起的聚乙烯绝缘导线。

接触器、按钮开关等强电控制电路的导线线径可选择__________的独股或多股聚乙烯铜导线。

5．变频器主电路的接线要求

变频器主电路的接线要求

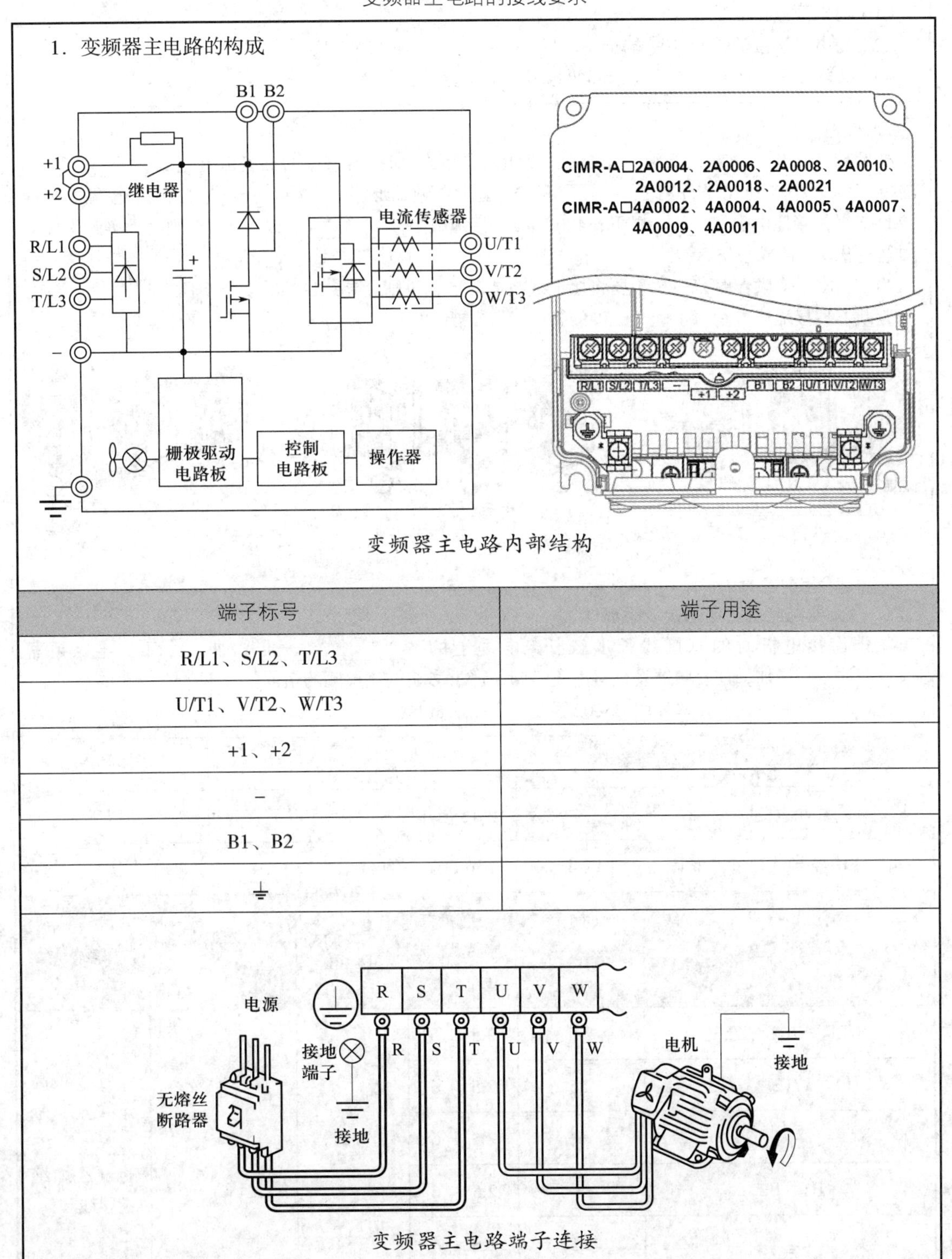


变频器主电路内部结构

| 端子标号 | 端子用途 |
|---|---|
| R/L1、S/L2、T/L3 | |
| U/T1、V/T2、W/T3 | |
| +1、+2 | |
| − | |
| B1、B2 | |
| ⏚ | |



变频器主电路端子连接

续表

注意：
（1）与电源连接的是 R/S/T 端子。
（2）与电机连接的是 U/V/W 端子。
（3）各端子不能接反，否则将引起两相间短路而烧毁逆变管。

2．接地

变频器会产生漏电流，载波频率越大，漏电流越大，变频器整机的漏电流能达到＿＿＿＿＿＿。漏电流的大小与使用条件有关，为了保证安全，变频器必须＿＿＿＿＿。务必将接地端子接地（200 V 级，接地电阻＿＿＿＿以下；400 V 级，接地电阻＿＿＿＿＿＿以下），否则会因接触未接地的电气设备而造成损伤。

当使用多台变频器时，注意不要将接地线绕成环形，否则会导致变频器动作不良。

判断下列接地连接是否正确（正确的打“√”，错误的打“×”）。

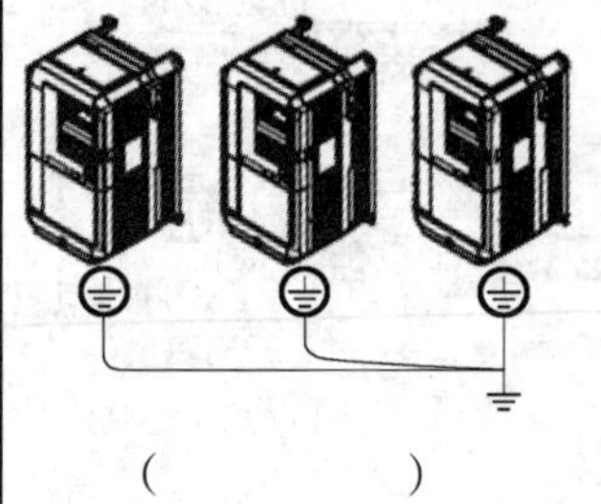
（　　　　）

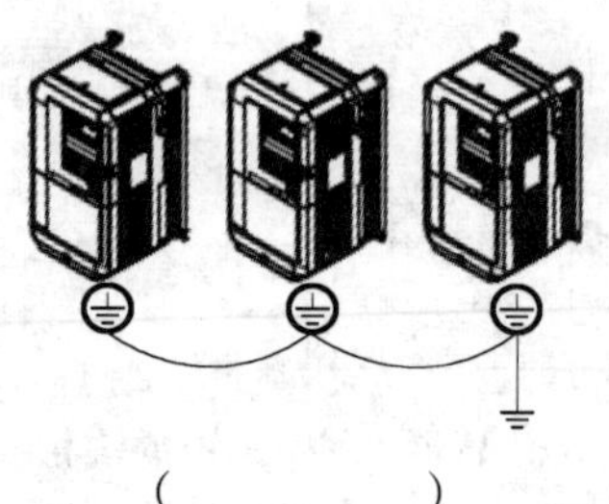
（　　　　）

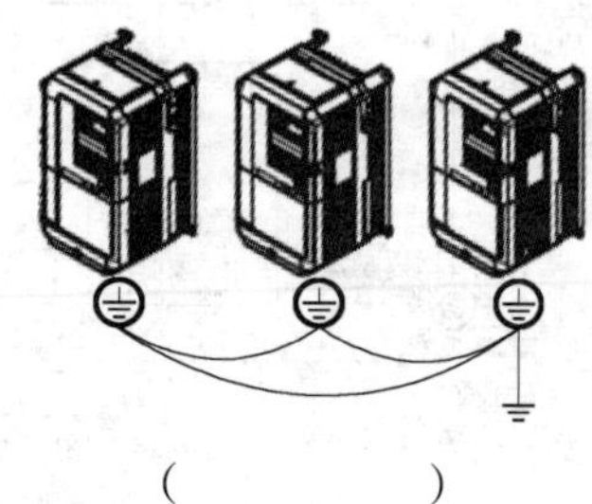
（　　　　）

3．变频器与电机之间的接线距离

并排连接电机时的总接线长度较长，电缆上的＿＿＿＿＿＿会增加，从而引起变频器＿＿＿＿＿＿增加，使变频器发生过电流跳闸，严重影响电流检测的精度。

此时，需要调整载波频率（用 C6-02 设定），具体如下：

| 变频器与电机之间的接线距离（m） | 50 以下 | 100 以下 | 超过 100 |
|---|---|---|---|
| 载波频率（kHz） | 15 以下 | 5 以下 | 2 以下 |

4．主电路导线尺寸和紧固力矩（以 4A0002、4A0004 为例）

| 端子符号 | 推荐导线尺寸（$mm^2$） | 可连接的导线尺寸（$mm^2$） | 端子螺钉规格 | 紧固力矩（N·m） | 导线材质 |
|---|---|---|---|---|---|
| R/L1、S/L2、T/L3 | 2.5 | 2.5 ~ 6 | M4 | 1.2 ~ 1.5 | 连续最高允许温度为＿＿＿＿℃的聚乙烯绝缘导线 |
| U/T1、V/T2、W/T3 | 2.5 | 2.5 ~ 6 | | | |
| –、+1、+2 | — | 2.5 ~ 6 | | | |
| B1、B2 | — | 2.5 ~ 6 | | | |
| ⏚ | 2.5 | 2.5 ~ 4 | | | |

6．变频器安装操作实施

变频器安装操作实施

| 工作项目 | 工作内容 | 图示与记录 | 评分标准 | 配分（分） | 得分 |
|---|---|---|---|---|---|
| 1. 数字式操作器的拆卸/安装 | （1）按住数字式操作器侧面的钩爪部分并向外拉出，将其拆下 | 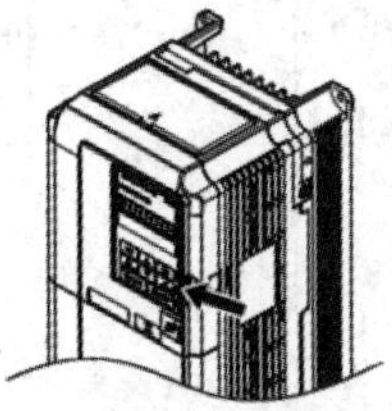 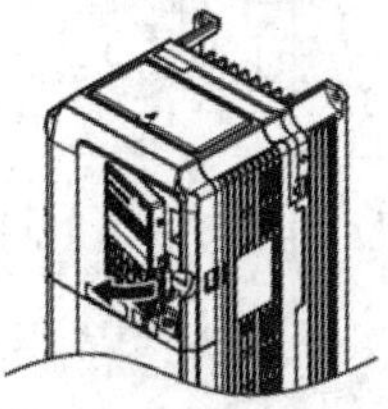  | 每错一处扣5分 | 10 |  |
|  | （2）按上述相反的步骤，用力按入钩爪部分，直到听到“咔嚓”一声 | 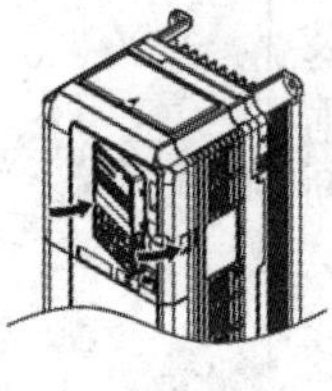  |  |  |  |
| 2. 端子外罩的拆卸/安装 | （1）用十字旋具旋松端子外罩，安装螺钉 | 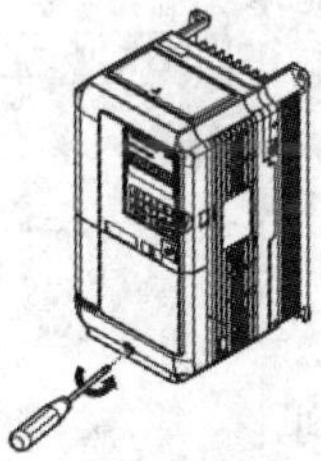  | 每错一处扣5分 | 20 |  |
|  | （2）朝内侧按下端子外罩侧面下方的钩爪，同时向外拉，然后向斜下方拉出，拆下端子外罩 | 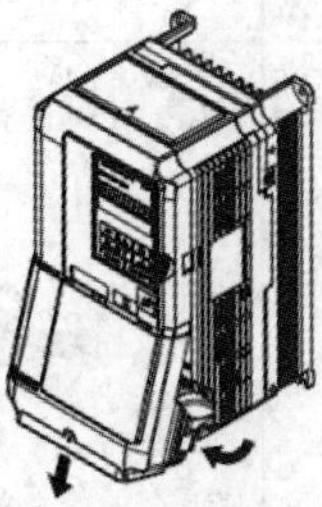  |  |  |  |

续表

| 工作项目 | 工作内容 | 图示与记录 | 评分标准 | 配分（分） | 得分 |
|---|---|---|---|---|---|
| 2. 端子外罩的拆卸 / 安装 | （3）按照“地线→主电路线→控制电路线”的顺序接线。从接线孔（橡胶衬套）拉出电线 / 信号线 | 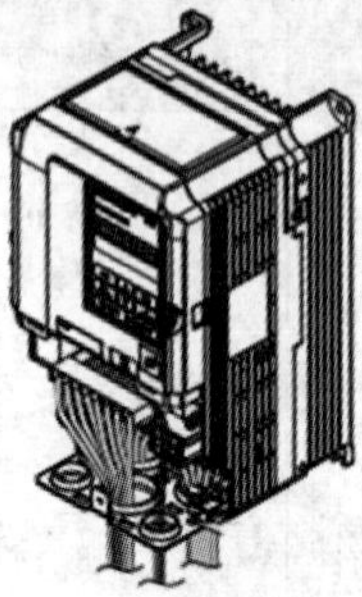  | 每错一处扣5分 | 20 |  |
|  | （4）按上述相反的步骤，将端子外罩装回 | 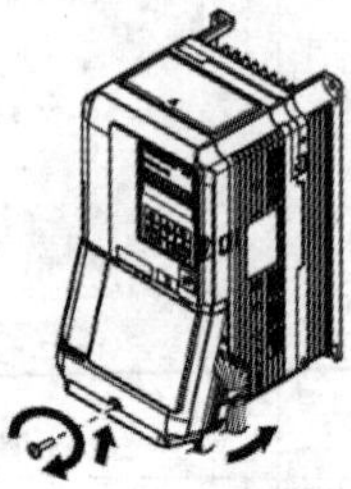  |  |  |  |
| 3. 前外罩的拆卸 / 安装 | （1）旋松前外罩安装螺钉，按住左、右侧面的钩爪部分并将外罩向外拉出，将其拆下<br>注意：要先将数字式操作器取下，再进行前外罩的拆装，否则可能引起数字式操作器接触不良 | 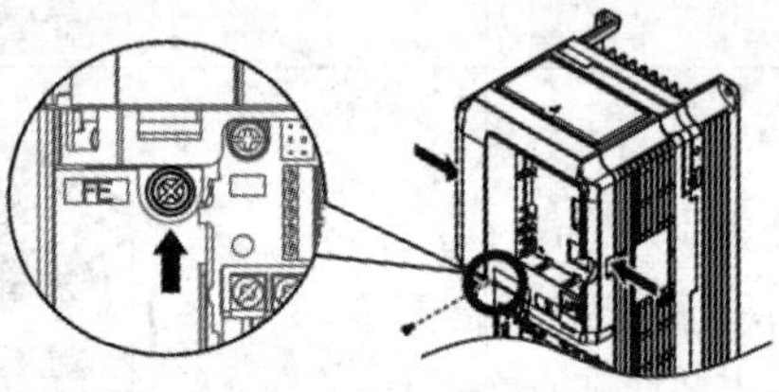  | 每错一处扣5分 | 15 |  |
|  | （2）按上述相反的步骤，用力按入前外罩的钩爪部分，直到听到“咔嚓”一声，将螺钉拧紧 |  |  |  |  |
| 4. 上部保护罩的拆卸 / 安装 | （1）拆卸时将一字旋具插入上部保护罩的旋具插孔，按箭头方向向上拆下保护罩 | 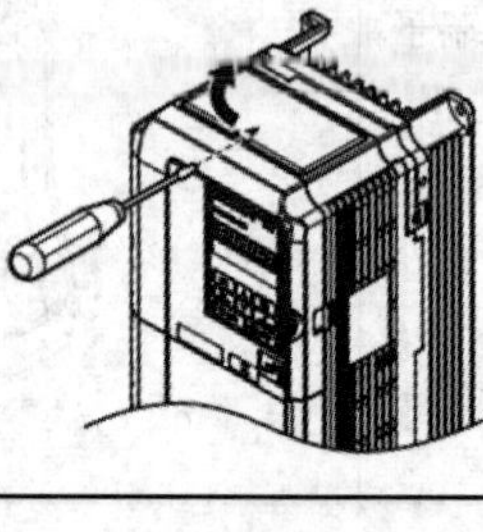  | 每错一处扣5分 | 10 |  |

续表

| 工作项目 | 工作内容 | 图示与记录 | 评分标准 | 配分（分） | 得分 |
| --- | --- | --- | --- | --- | --- |
| 4. 上部保护罩的拆卸/安装 | （2）将上部保护罩内面的钩爪插入变频器上方的钩爪用孔中，使中间部分拱起，再完全插入左、右钩爪，直到听到“咔嚓”一声 | 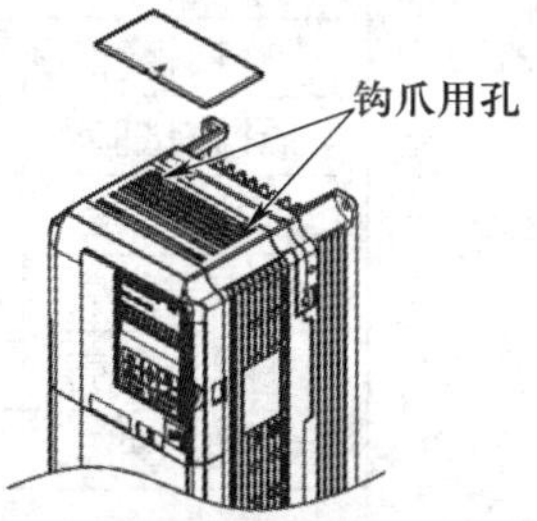 | 每错一处扣5分 | 10 | |
| 5. 接地电阻的测量 | （1）接地电阻测量值1：________<br>（2）接地电阻测量值2：________<br>（3）接地电阻测量值3：________ |  | 每错一处扣5分 | 15 | |
| 6. 配套电机绝缘检查 | （1）兆欧表的额定电压应选________V | 兆欧表的线路端子“L”接电机的________，接地端子“E”接________，屏蔽端子“G”接到保护环或电缆绝缘护层上，以减小绝缘表面泄漏电流对测量造成的误差 | 每错一处扣5分 | 30 | |
| | （2）开路试验<br>将两表笔分开，摇动手柄达到______r/min，观察指针是否指在标度尺的______位置 | 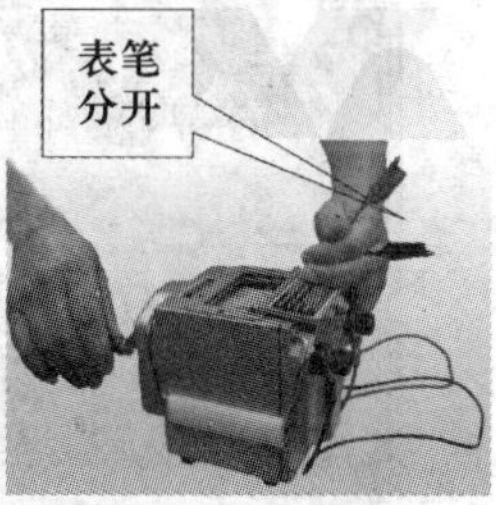 | | | |
| | （3）短路试验<br>将端钮______和______短接，缓慢摇动手柄，观察指针是否指在标度尺的______位置 | 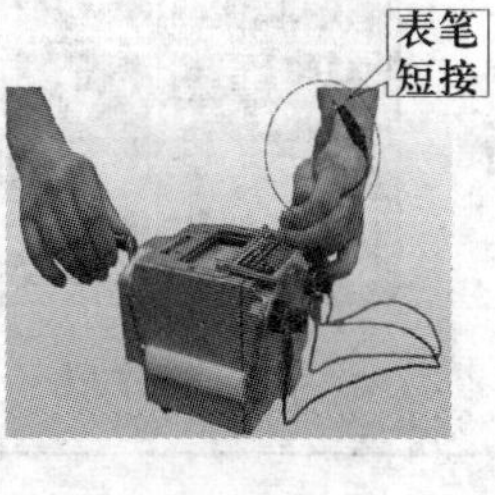 | | | |

续表

<table>
<tr><th>工作项目</th><th>工作内容</th><th>图示与记录</th><th>评分标准</th><th>配分（分）</th><th>得分</th></tr>
<tr><td>6．配套电机绝缘检查</td><td>（4）测量数据记录</td><td><table><tr><th>项目</th><th>测量数据</th><th>是否合格</th></tr><tr><td>开路试验</td><td></td><td></td></tr><tr><td>短路试验</td><td></td><td></td></tr><tr><td>U 相与外壳</td><td></td><td></td></tr><tr><td>V 相与外壳</td><td></td><td></td></tr><tr><td>W 相与外壳</td><td></td><td></td></tr></table></td><td>每错一处扣 5 分</td><td>30</td><td></td></tr>
<tr><td colspan="6">合计：　　分</td></tr>
</table>

## 二、变频器 PU 控制

变频器安装完成，经检查合格后，先进行主电路内部拖动功能测试，用数字式操作器控制变频器，拖动三相异步电机正反转运行，以便检查主电路接线、电机的运行状态等。

1．变频器功能单元操作

（1）认识变频器数字式操作器

变频器数字式操作器认识表

<table>
<tr><td>

可通过数字式操作器对变频器进行运行控制、参数的设定 / 变更、状态监控等。数字式操作器由______________和______________两部分组成。

1．数字式操作器的面板结构

数字式操作器的面板结构

</td></tr>
</table>

续表

| 标识 | 名称 | 功能 |
|---|---|---|
| ESC | ESC 键 | （1）返回上一画面<br>（2）将设定参数编号时需要变更的位向____________移<br>（3）如果长按此键不放，可以从任何画面返回到频率指令画面 |
| > RESET | RESET 键 | （1）设定参数的数值等时，将需要变更的位向__________移<br>（2）检出故障时变为____________键 |
| RUN | RUN 键 | 使变频器运行 |
| ∧ | 向上键 | （1）切换画面<br>（2）变更________参数编号和设定值 |
| ∨ | 向下键 | （1）切换画面<br>（2）变更________参数编号和设定值 |
| STOP | STOP 键 | 使运行停止 |
| ENTER | ENTER 键 | （1）确定各种模式、参数、设定值时按该键<br>（2）要进入下一画面时使用 |
| LO/RE | LO/RE 选择键 | 对用______运行（LOCAL）和用________运行（REMOTE）进行切换时按该键 |
| RUN | RUN 指示灯 | （1）点亮：在变频器__________时<br>（2）闪烁：________；以频率指令______输入运行指令时<br>（3）短促闪烁：紧急停止引起的减速时；运行联锁动作引起的停止时<br>（4）熄灭：停止时 |
| LO/RE | LO/RE 指示灯 | 选择了来自______的运行指令（LOCAL）时点亮 |
| ALM | ALM 指示灯 | （1）点亮：______检出时<br>（2）闪烁：轻故障检出时；OPE（操作故障）检出时；自学习时的故障发生时<br>（3）熄灭：正常 |

续表

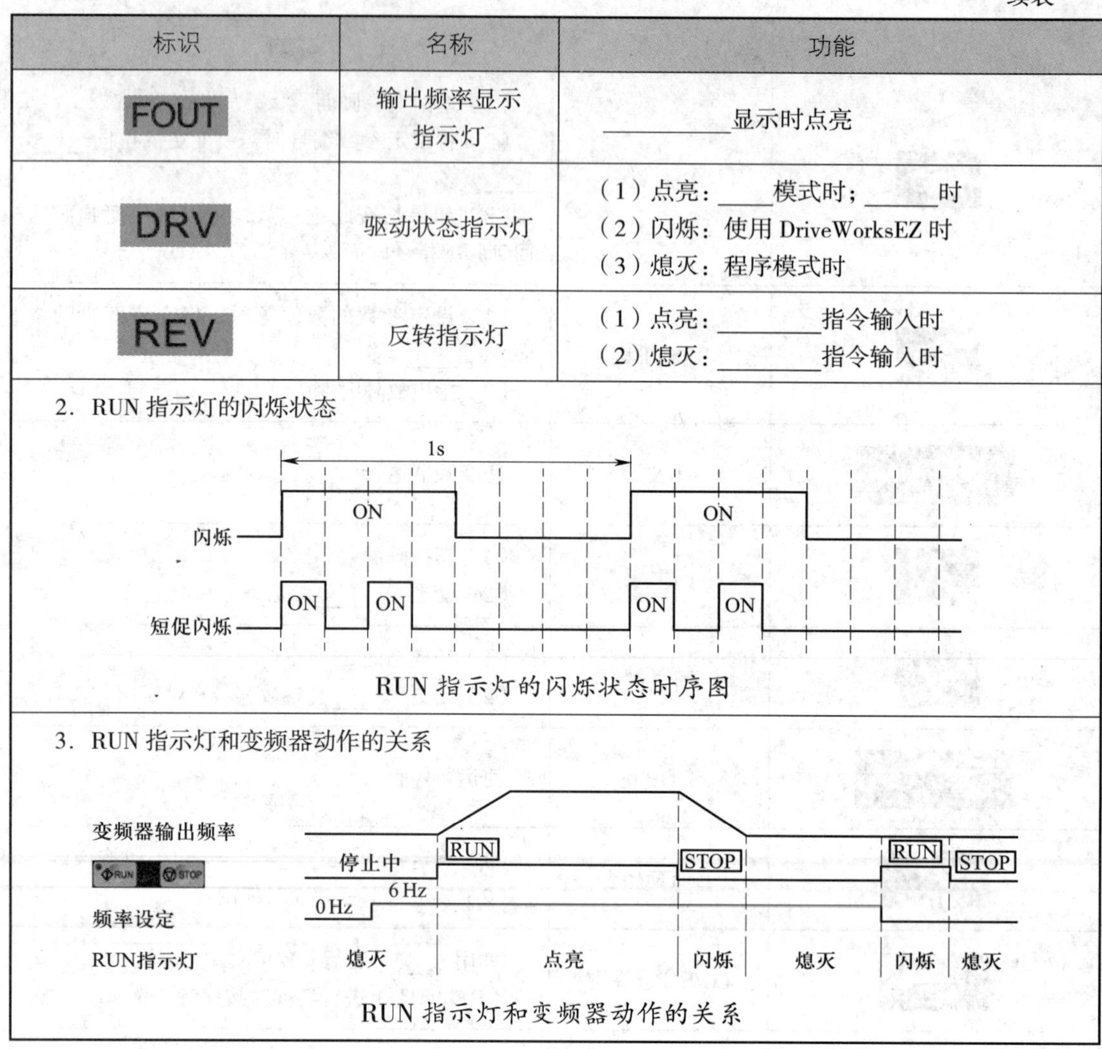

| 标识 | 名称 | 功能 |
| --- | --- | --- |
| FOUT | 输出频率显示指示灯 | ______显示时点亮 |
| DRV | 驱动状态指示灯 | （1）点亮：____模式时；______时<br>（2）闪烁：使用 DriveWorksEZ 时<br>（3）熄灭：程序模式时 |
| REV | 反转指示灯 | （1）点亮：______指令输入时<br>（2）熄灭：______指令输入时 |

2．RUN 指示灯的闪烁状态



RUN 指示灯的闪烁状态时序图

3．RUN 指示灯和变频器动作的关系



RUN 指示灯和变频器动作的关系

（2）认识变频器的功能单元

变频器功能单元认识表

1．变频器通电前的检查

| 项目 | 内容 |
| --- | --- |
| 电源电压的确认 | （1）确认电源电压<br>（2）确认电源输入端了______、______、______接线可靠<br>（3）确认变频器和电机正确______ |
| 变频器输出端子和电机端子的连接确认 | 确认变频器输出端子______和电机端子______连接牢固 |
| 负载状态的确认 | 确认电机为______状态（未与______连接） |

续表

2．通电

| 状态 | 显示 | 内容 |
| --- | --- | --- |
| 正常 | DIGITAL OPERATOR JVOP-182 ALM<br>REV DRV FOUT<br>F 0.00 | ________点亮，数据显示部分将显示________的监视状态 |
| 故障 | DIGITAL OPERATOR JVOP-182 ALM<br>REV DRV FOUT<br>EF3 | ________和________点亮，显示结果因故障内容而异。查阅说明书中的“故障诊断及对策”，采取适当的措施 |

3．操作器显示功能的层次结构

| 驱动模式 | 程序模式 |
| --- | --- |
| 进行________的模式<br>可进行以下操作：<br>（1）监视________（输出频率、输出电流、输出电压等）<br>（2）变更 D1-01 ~________的设定（可在变频器运行中变更设定的参数） | 进行________的模式<br>可进行以下操作：<br>（1）核对、设定出厂后被变更的参数（________模式）<br>（2）查看、设定变频器运行所需的基本参数（____________模式）<br>（3）查看、设定所有参数（______________模式）<br>（4）自动设定电机参数（______________模式） |

4．操作器显示画面的切换方法

| 模式 | 显示画面 | 说明 |
| --- | --- | --- |
| 电源接通时 | DIGITAL OPERATOR JVOP-182 ALM<br>REV DRV FOUT<br>F 0.00<br>________ | 在此可对频率指令进行设定和监视 |
| 驱动模式 | ↓↑ | |
| | DIGITAL OPERATOR JVOP-182 ALM<br>REV DRV FOUT<br>For<br>________ | 在 LOCAL 模式下，可以对正反转指令进行切换<br>For → ENTER → For → ∧ → rEu → ENTER |
| | ↓↑ | |
| | DIGITAL OPERATOR JVOP-182 ALM<br>REV DRV FOUT<br>0.00<br>________ | 在此可监视当前输出频率 |

续表

| 模式 | 显示 | 说明 |
| --- | --- | --- |
| 驱动模式 | | 在此可监视输出电流 |
| | | 在此可监视输出电压 |
| | | 显示监视参数（U 参数） |
| 程序模式 | | 核对、设定出厂后被变更的参数 |
| | | 查看、设定变频器运行所需的基本参数 |
| | | 查看、设定所有参数 |
| | | 自动计算电机参数并进行设定 |

续表

<table>
<tr><td>电源接通时</td><td>DRV<br>F 0.00<br>频率指令显示</td><td>返回频率指令显示画面</td></tr>
<tr><td colspan="3">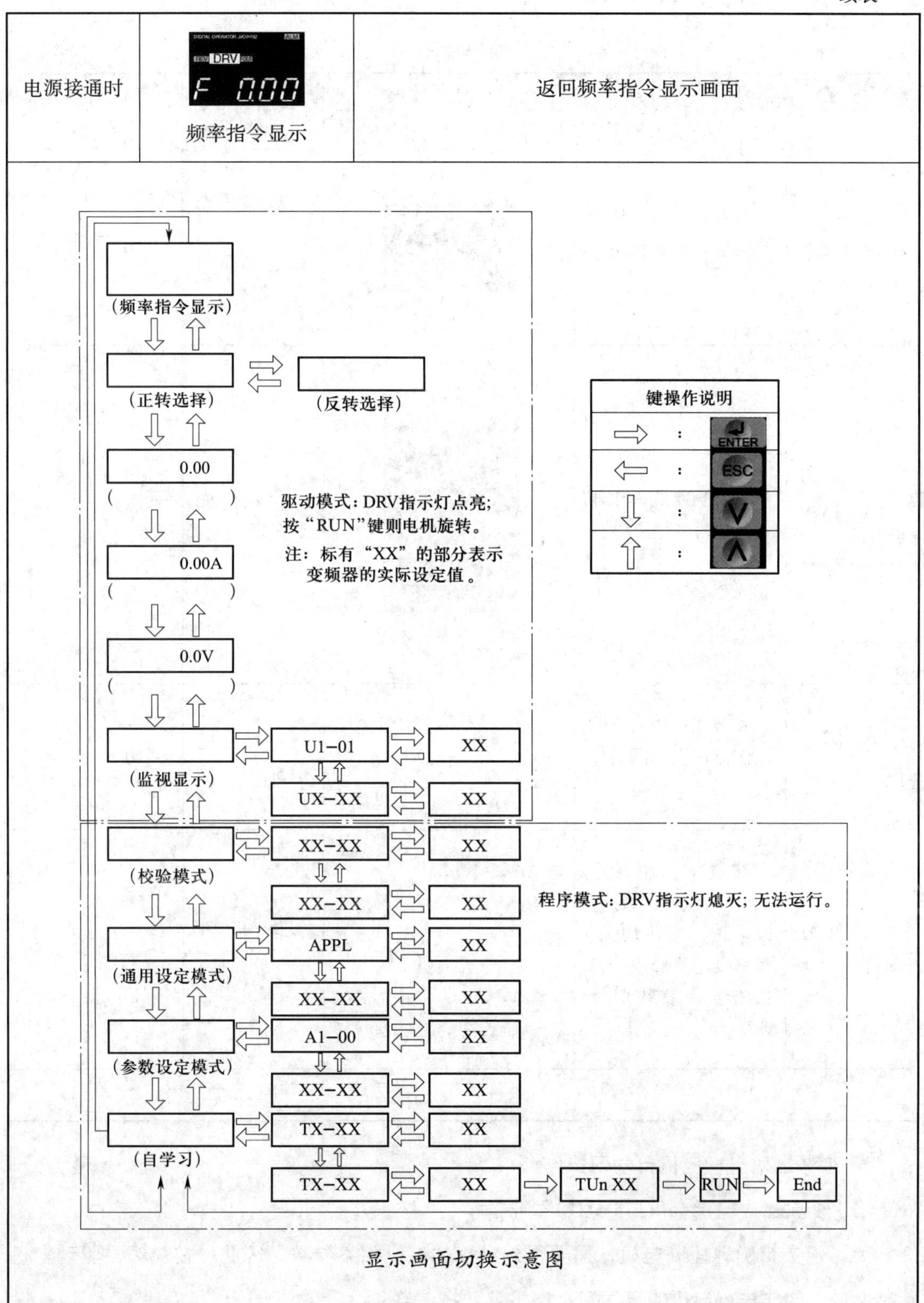

显示画面切换示意图</td></tr>
</table>

（3）变频器功能单元操作实施

变频器功能单元操作实施

| 工作项目 | 工作内容 | 图示 | 评分标准 | 配分（分） | 得分 |
| --- | --- | --- | --- | --- | --- |
| 1. 变频器接线及通电 | 变频器主电路接线及通电，显示初始画面 |  | 接线错误不得分，通、断电步骤错误不得分 | 50 |  |
| 2. 认识数字式操作器 | 说明数字式操作器各部分的名称及功能 |  | 每错一处扣5分 | 20 |  |
| 3. 选择模式 | 按要求，用数字式操作器切换不同的模式 | — | 每错一处扣5分 | 10 |  |
| 4. 修改参数 | 按要求，用数字式操作器进行参数修改（正、反转切换，频率设定值修改，参数查找，参数值修改） | — | 每错一处扣5分 | 20 |  |
| 合计：　　分 |  |  |  |  |  |

2．变频器对电梯电机自学习操作

（1）变频器对电梯电机自学习操作准备

为了能更精确地控制电机，需要得到精确的电机相关参数。因此，在变频器驱动电机运行之前，要先进行电机的自学习，电机参数将被自动设定。

变频器自学习认识表

1. 变频器运行前的基本步骤流程图 A

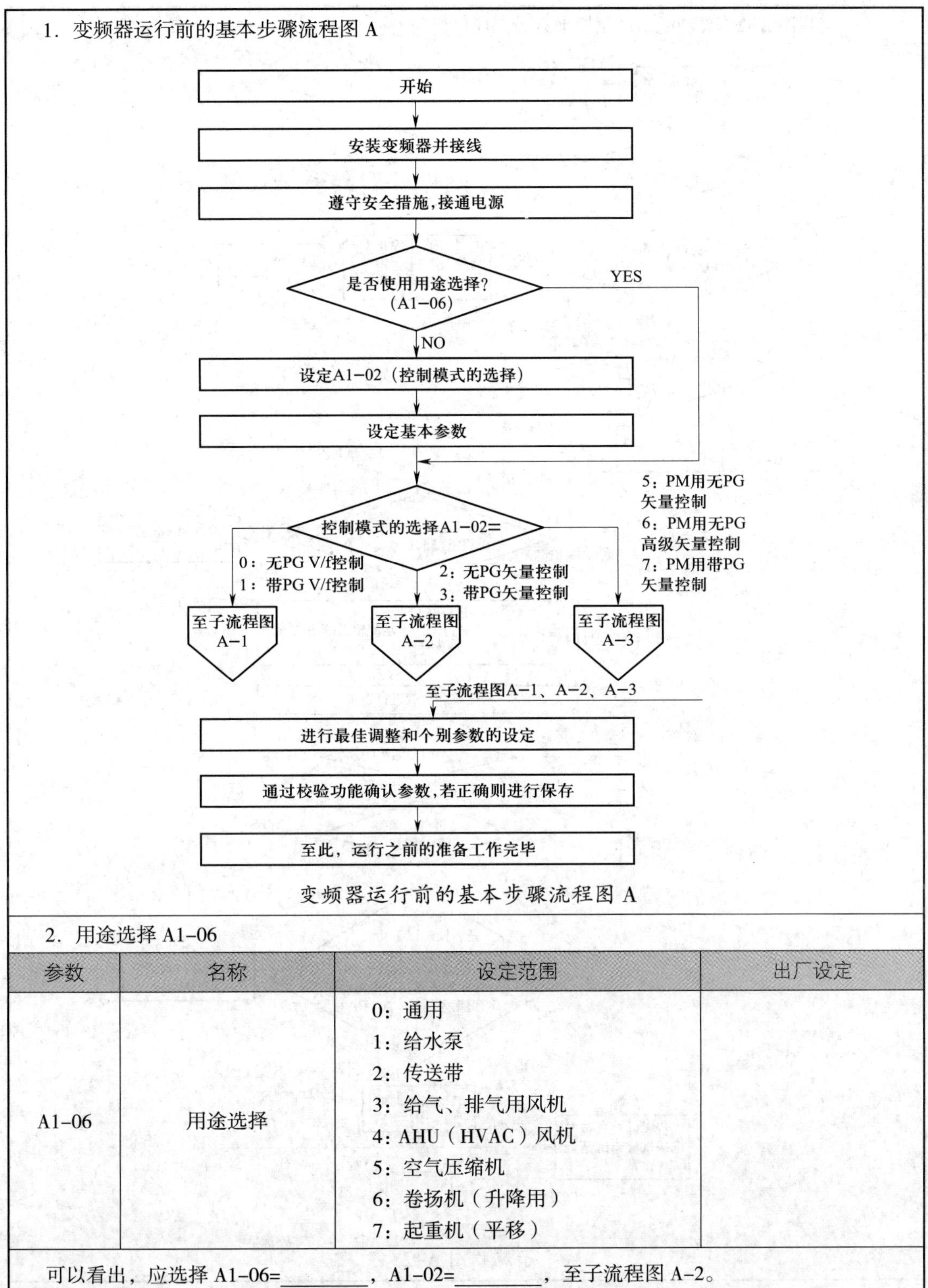


变频器运行前的基本步骤流程图 A

2. 用途选择 A1-06

| 参数 | 名称 | 设定范围 | 出厂设定 |
|---|---|---|---|
| A1-06 | 用途选择 | 0：通用<br>1：给水泵<br>2：传送带<br>3：给气、排气用风机<br>4：AHU（HVAC）风机<br>5：空气压缩机<br>6：卷扬机（升降用）<br>7：起重机（平移） | |

可以看出，应选择 A1-06=________，A1-02=________，至子流程图 A-2。

续表

3．子流程图 A-2（高功能、高精度地运行感应电机）

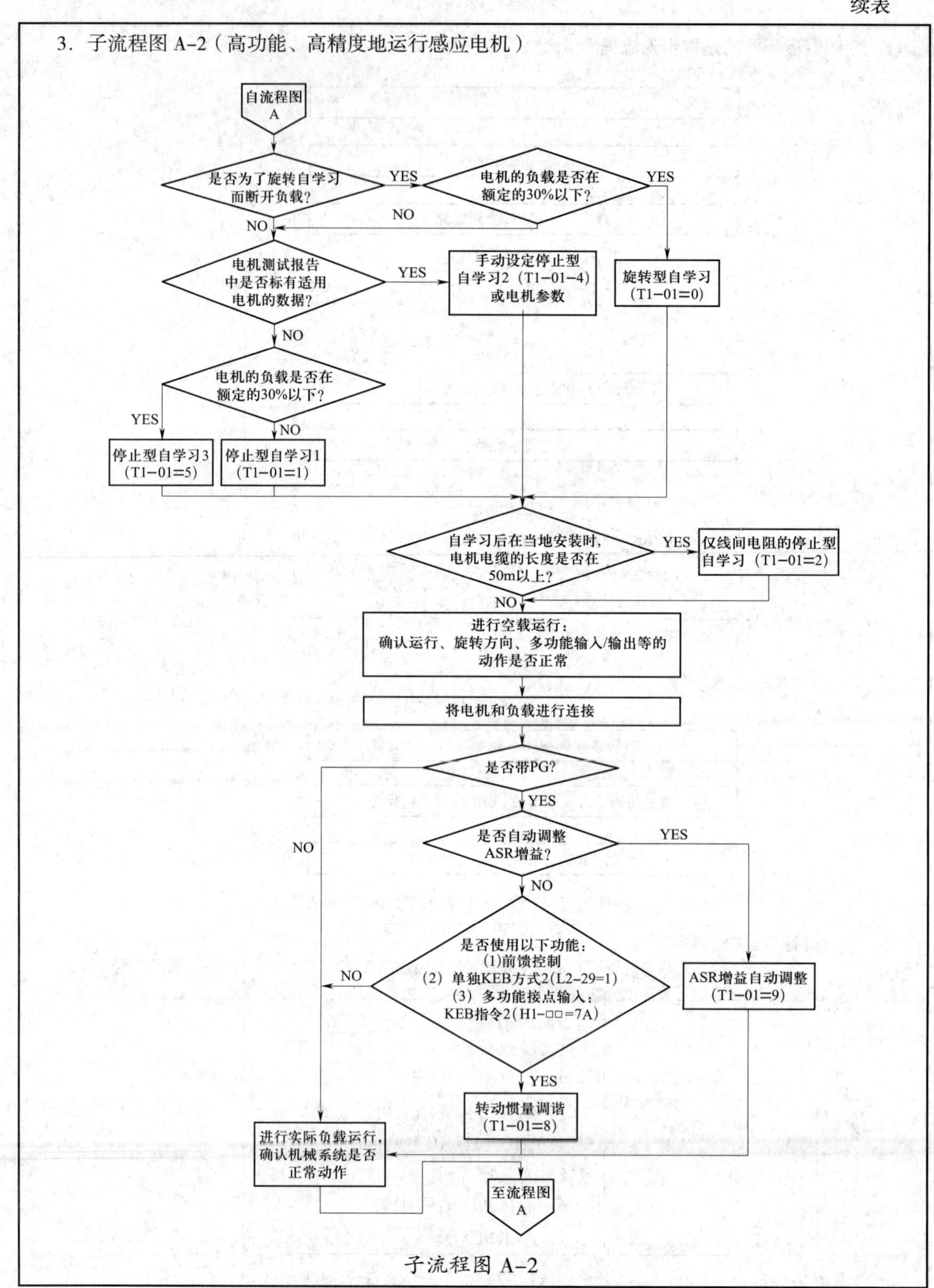


子流程图 A-2

续表

4. 感应电机用自学习的种类

| 种类 | 参数设定 T1-01 | 使用条件和优点 | 使用的控制模式 |
| --- | --- | --- | --- |
| 旋转型自学习 | | • 自学习时电机可以旋转<br>⇒可进行最高精度的电机控制<br>• 恒功率运行时 | 无 PG（Pulse Quantizer）矢量控制<br>带 PG 矢量控制 |
| 停止型自学习 1 | | • 无电机测试报告时<br>⇒自动计算并设定矢量控制所需的电机参数 | 无 PG 矢量控制<br>带 PG 矢量控制 |
| 停止型自学习 2 | | • 有电机测试报告时<br>⇒根据电机测试报告设定空载电流和额定滑差的值，自动计算并设定矢量控制所需的其他电机参数 | 无 PG 矢量控制<br>带 PG 矢量控制 |
| 仅对线间电阻的停止型自学习 | | • 进行自学习后，在现场安装时电机电缆长度变为 50 m 以上时<br>• 电机容量和变频器容量不同时 | 无 PG V/f 控制<br>带 PG V/f 控制<br>无 PG 矢量控制<br>带 PG 矢量控制 |
| V/f 节能控制用自学习 | | • 在 V/f 控制模式下使用速度推定型的速度搜索或节能控制时<br>• 自学习时电机可旋转的场合<br>⇒提高转矩补偿、滑差补偿、节能控制、速度搜索等功能的精度 | 无 PG V/f 控制<br>带 PG V/f 控制 |
| 停止型自学习 3 | | • 无电机测试报告时<br>• 自学习后可用轻载驱动电机时<br>⇒自学习后进行试运行，自动计算并设定矢量控制所需的电机参数 | 无 PG 矢量控制<br>带 PG 矢量控制 |

5. 电机自学习参数设定

| 参数 | 名称 | 设定值 | 含义 |
| --- | --- | --- | --- |
| A1-06 | 用途选择 | | 通用 |
| A1-02 | 控制模式选择 | | 带 PG 矢量控制 |
| T1-01 | 自学习模式选择 | | 旋转型自学习 |

续表

6. 电机自学习输入数据

| 参数 | 名称 | 单位 | 输入数据 |
|---|---|---|---|
| T1–02 | | kW | 按电机铭牌 |
| T1–03 | | V | 按电机铭牌 |
| T1–04 | | A | 按电机铭牌 |
| T1–05 | | Hz | 按电机铭牌 |
| T1–06 | | — | 按电机铭牌 |
| T1–07 | | r/min | 按电机铭牌 |
| T1–08 | | — | 按电机铭牌 |
| T1–09 | | A | 无须输入 |
| T1–10 | | Hz | 无须输入 |
| T1–11 | | W | 无须输入 |

7. 电机自学习操作步骤

| 序号 | 操作步骤 | LED 显示 |
|---|---|---|
| 1 | 接通电源，显示初始画面 | DIGITAL OPERATOR JVOP-162 ALM REV DRV FOUT F 0.00 |
| 2 | 按“∧”或“V”键，直至显示自学习画面 | A.TUn |
| 3 | 按“ENTER”键，显示参数设定画面 | T1-01 |
| 4 | 按“ENTER”键，则显示 T1–01 的当前设定值 | 00 |
| 5 | 按“ENTER”键进行确定 | End |

续表

| 序号 | 操作步骤 | LED 显示 |
| --- | --- | --- |
| 6 | 自动回到参数设定画面（步骤 3） | T1-01 |
| 7 | 按“∧”键，显示 T1-02（电机输出功率） | T1-02 |
| 8 | 按“ENTER”键，则显示接通电源时 E2-11（电机额定容量）的设定值 | 00075 |
| 9 | 按“RESET”键，移动闪烁位 | 00075 |
| 10 | 按“∧”键，按照电机铭牌值变更设定值（例如，0.75 kW→0.4 kW） | 00040 |
| 11 | 按“ENTER”键进行确定 | End |
| 12 | 自动回到参数设定画面（步骤 7） | T1-02 |
| 13 | 反复操作步骤 7 ~ 12，输入以下参数的设定值：<br>T1-03（电机额定电压）<br>T1-04（电机额定电流）<br>T1-05（电机的基本频率）<br>T1-06（电机的极数）<br>T1-07（电机的基本转速）<br>T1-09（电机的空载电流：仅限停止型自学习 1、2）<br>T1-10（电机的额定滑差：仅限停止型自学习 2） | T1-03<br>↓<br>T1-10 |

续表

| 序号 | 操作步骤 | LED 显示 |
|---|---|---|
| 14 | 输入电机铭牌值后，按“∧”键 | TUn 10 |
| 15 | （1）按“RUN”键，开始自学习<br>（2）“DRV”点亮。在不旋转的状态下，大约通电 1 min 后，电机开始旋转<br>注：TUn 10 的十位显示 T1–00（电机 1/2 的选择）的设定值，个位显示 T1–01（自学习模式选择）的设定值<br>（3）1 ~ 2 min 后自学习结束 | DRV TUn 10<br>↓<br>End |

8．自学习中断

在自学习过程中按“STOP”键，或检测到测定故障时，会显示故障信息并中断自学习。

自学习中

自学习中断

9．电机自学习后自动设定的电机参数

| 参数 | 名称 | 内容 |
|---|---|---|
| E2–01 | | 电机保护、转矩限制的基准值 |
| E2–02 | | 滑差补偿的基准值 |
| E2–03 | | 空载电压和额定频率时的电机空载电流 |
| E2–04 | | 电机的极数 |
| E2–05 | | 定子线圈的线间电阻 |
| E2–06 | | 电机额定电压为 100%，以“%”为单位设定额定频率、额定电流时因电机漏电感引起的电压降的量 |
| E2–07 | | 磁通为 50% 时的电机铁芯饱和系数 |
| E2–08 | | 磁通为 75% 时的电机铁芯饱和系数 |
| E2–09 | | 转矩补偿被加算到转矩指令中 |
| E2–10 | | 电机铁耗 |
| E2–11 | | 电机额定容量 |

（2）变频器对电梯电机自学习操作实施

变频器对电梯电机自学习操作实施

| 工作项目 | 工作内容 | 图示与记录 | 评分标准 | 配分（分） | 得分 |
|---|---|---|---|---|---|
| 1. 变频器接线及通电 | 变频器主电路接线及通电，显示初始画面 | DRV<br>F 0.00 | 接线错误不得分，通、断电步骤错误不得分 | 10 | |
| 2. 流程确认 | 参照流程图 A、子流程图 A–2，简述电机自学习操作的流程选择 | — | 叙述错误不得分 | 10 | |
| 3. 确定自学习种类 | 参照流程图 A、子流程图 A–2，确定自学习的种类 | A1–00：<br>A1–01：<br>A1–02：<br>A1–03：<br>A1–06：<br>T1–01： | 每错一处扣 5 分 | 15 | |
| 4. 输入电机的自学习数据 | 输入相应电机的参数数据 | T1–02：<br>T1–03：<br>T1–04：<br>T1–05：<br>T1–06：<br>T1–07：<br>T1–08：<br>T1–09：<br>T1–10：<br>T1–11： | 每错一处扣 5 分 | 25 | |
| 5. 完成电机自学习操作 | 完成自学习操作 | — | 每错一处扣 5 分 | 10 | |
| 6. 检查自动设定的电机参数 | 检查自学习完成后，自动设定的电机参数情况 | E2–01：<br>E2–02：<br>E2–03：<br>E2–04：<br>E2–05：<br>E2–06：<br>E2–07： | 每错一处扣 5 分 | 30 | |

续表

| 工作项目 | 工作内容 | 图示与记录 | 评分标准 | 配分（分） | 得分 |
|---|---|---|---|---|---|
| 6. 检查自动设定的电机参数 | 检查自学习完成后，自动设定的电机参数情况 | E2-08：<br>E2-09：<br>E2-10：<br>E2-11： | 每错一处扣5分 | 30 | |
| 合计：　　分 | | | | | |

3．变频器 PU 控制操作

（1）三相异步电机的结构及工作原理

电梯电机为正、反转______象限运行，通过变频器改变输入电机定子绕组的三相电源______，实现电机的正反转切换。

三相异步电机结构、工作原理认识表

1．三相异步电机的基本结构

（1）三相异步电机主要由_________和_________两大部分组成，在定子和转子之间有一定的_________。此外，还有端盖、轴承、接线盒、风扇、吊环等其他附件。

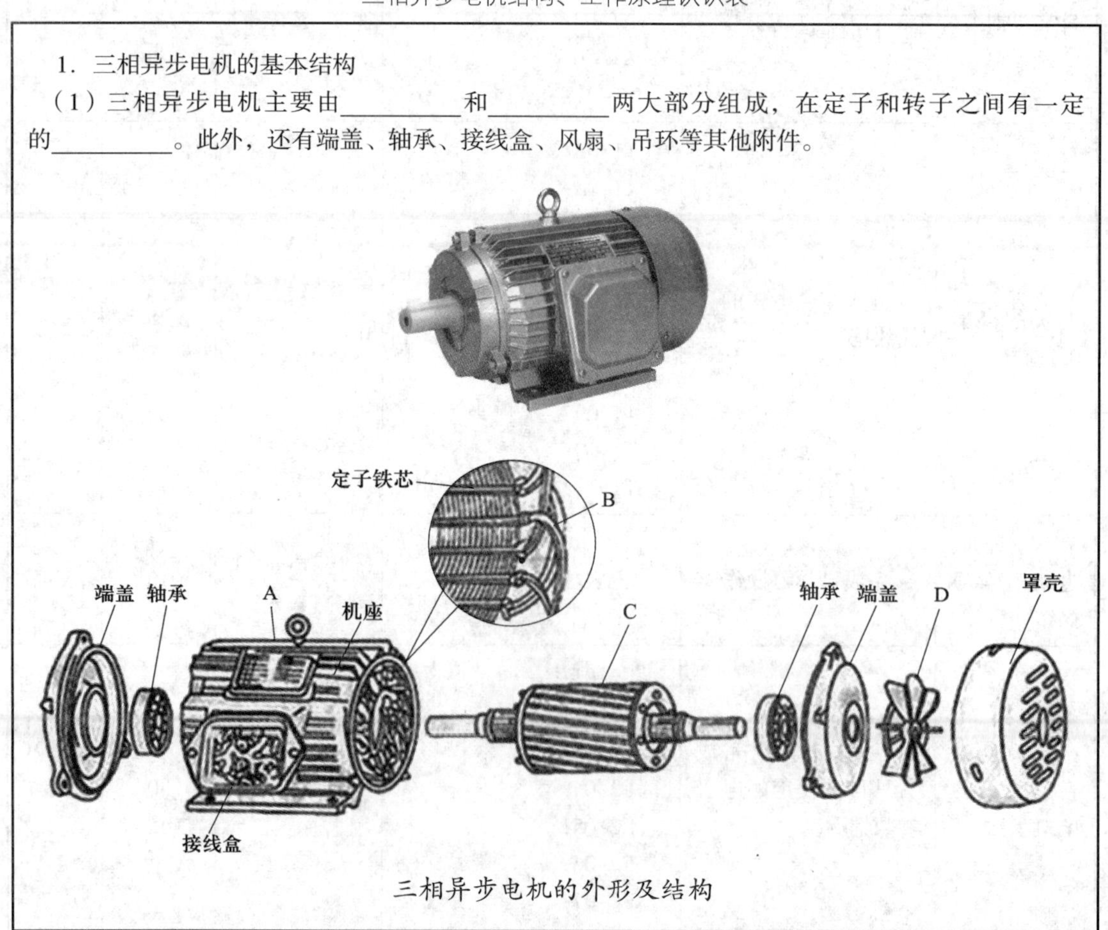


三相异步电机的外形及结构

续表

| 代号 | 名称 | 代号 | 名称 |
| --- | --- | --- | --- |
| A | | C | |
| B | | D | |

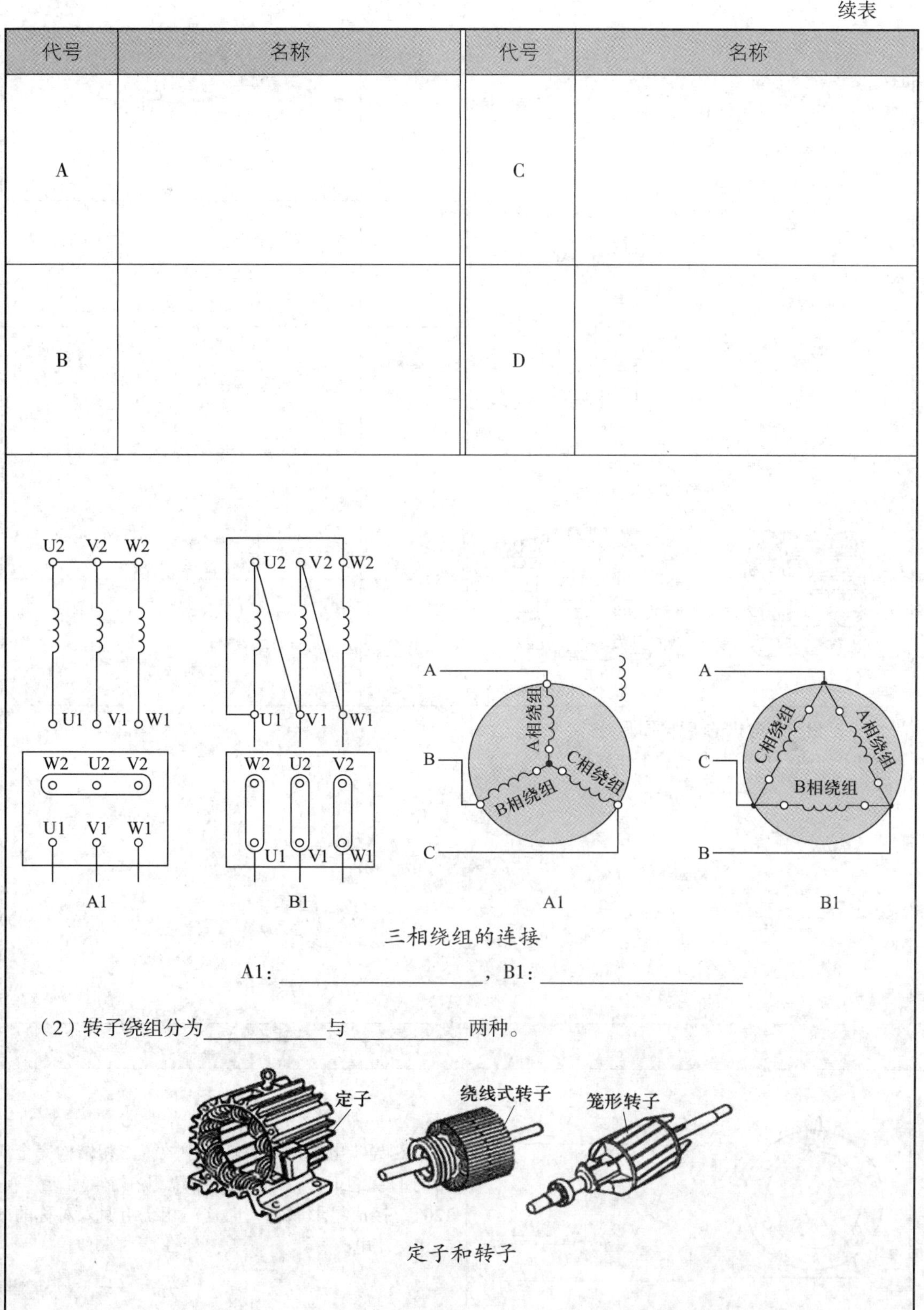


三相绕组的连接

A1：____________，B1：____________

（2）转子绕组分为________与________两种。

定子和转子

续表

| 绕组类型 | 组成部分名称 | |
|---|---|---|
| 绕线式绕组：<br>1 2 3 | 1 | |
| | 2 | |
| | 3 | |
| 笼形绕组：<br>A B | A | |
| | B | |

2. 三相异步电机的工作原理

（1）简述三相异步电机的工作原理。

（2）旋转磁场的产生

| 图示 | 说明 |
|---|---|
| 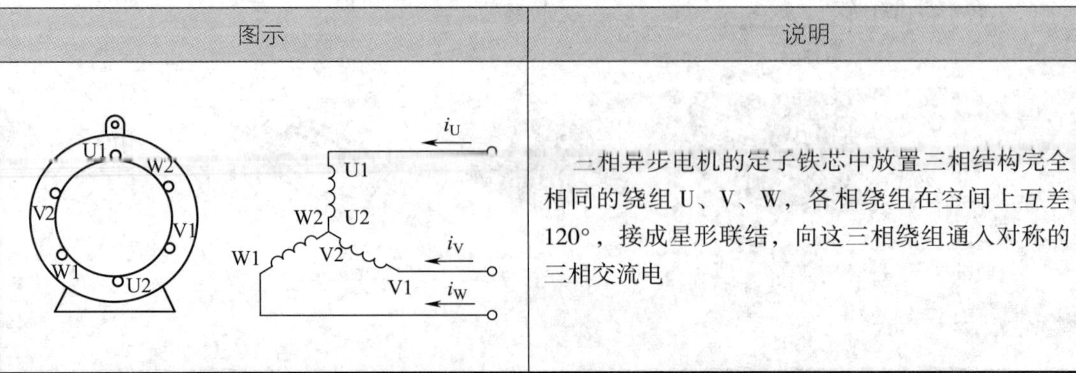 | 三相异步电机的定子铁芯中放置三相结构完全相同的绕组 U、V、W，各相绕组在空间上互差 120°，接成星形联结，向这三相绕组通入对称的三相交流电 |

续表

| 图示 | 说明 |
| --- | --- |
| 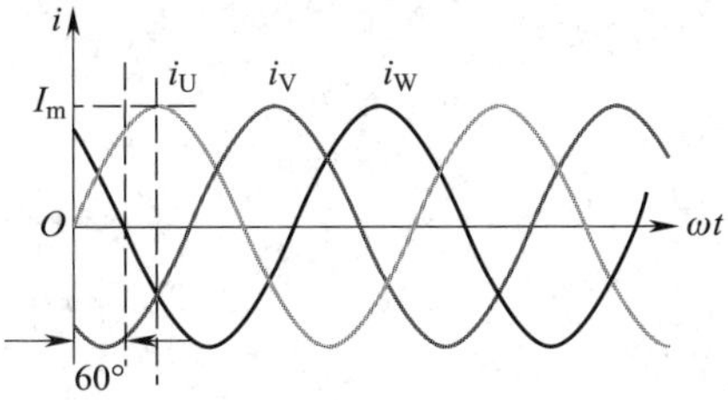 i，$I_m$，$i_U$，$i_V$，$i_W$，O，ωt，60° | 设电源的相序为 U、V、W，初相角为零。三相电流波形如左图所示，其表达式如下：<br>$i_U=I_m\sin\omega t$<br>$i_V=I_m\sin(\omega t-120°)$<br>$i_W=I_m\sin(\omega t+120°)$ |

（3）旋转磁场的方向

假设电流的瞬时值为正时是从各绕组的首端流入（用“⊗”表示）、末端流出（用“⊙”表示），则当电流为负值时，与此相反。在下列图中画出不同时刻电流的流向和合成磁场的方向，并写出三相电流的瞬时值。

| 时刻 | 电流的流向、合成磁场的方向 | 三相电流的瞬时值 |
| --- | --- | --- |
| $\omega t=0°$ | 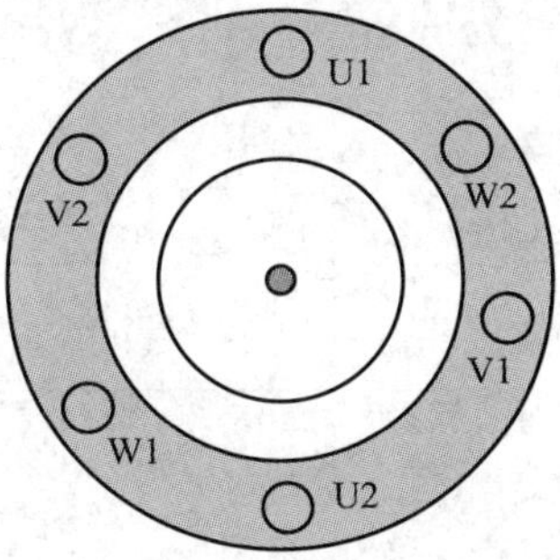 U1 W2 V1 U2 W1 V2 | |
| $\omega t=60°$ | 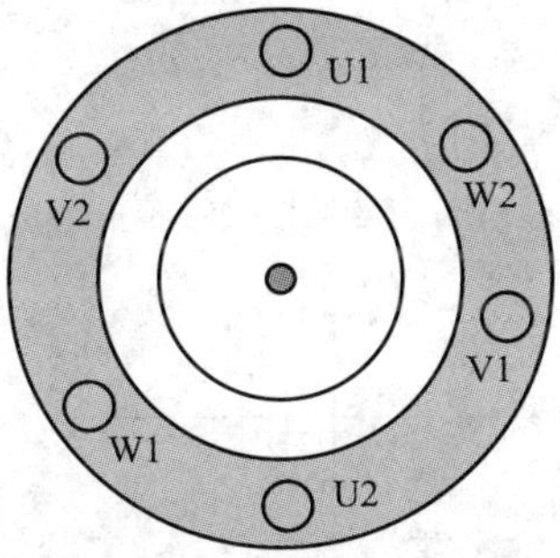 U1 W2 V1 U2 W1 V2 | |
| $\omega t=120°$ | 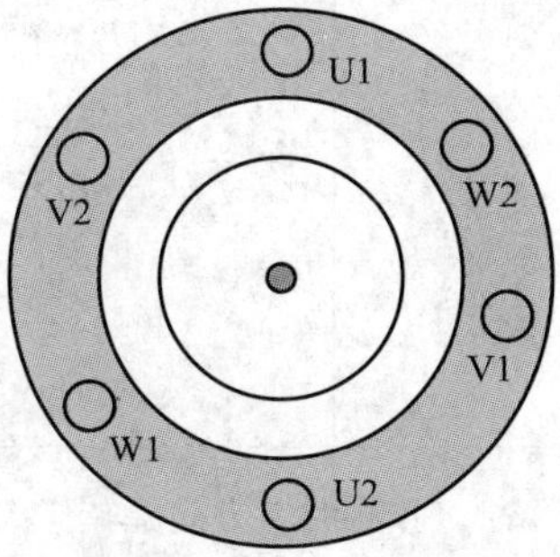 U1 W2 V1 U2 W1 V2 | |

续表

| 时刻 | 电流的流向、合成磁场的方向 | 三相电流的瞬时值 |
|---|---|---|
| $\omega t$=180° | 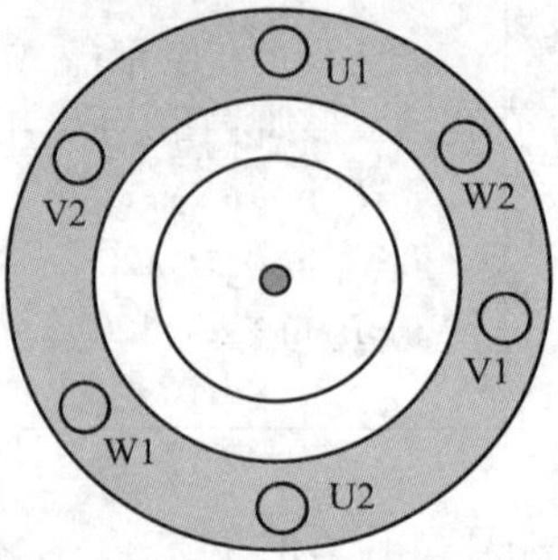 | |
| $\omega t$=240° | 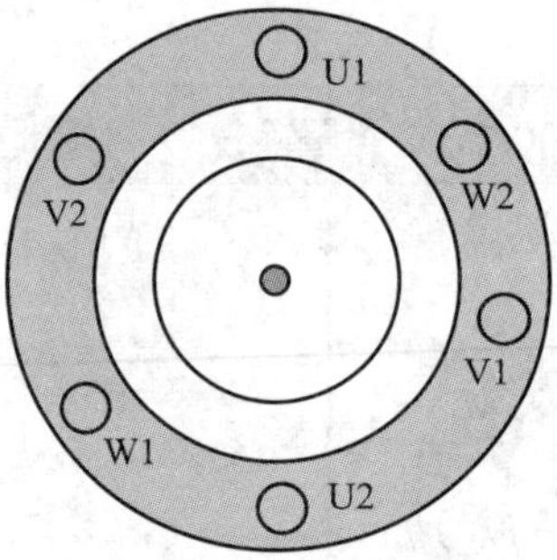 | |
| $\omega t$=300° | 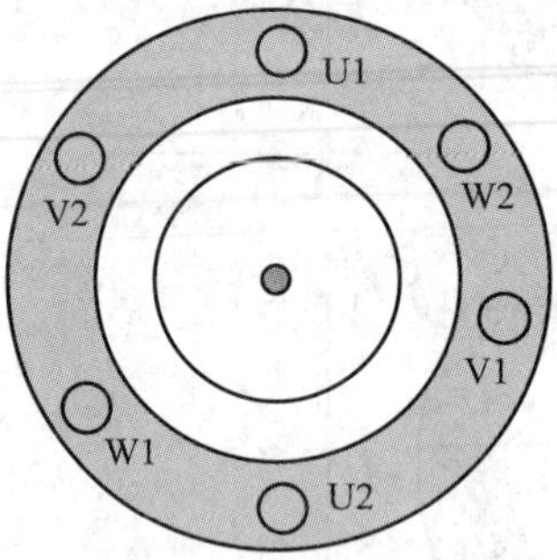 | |
| $\omega t$=360° | 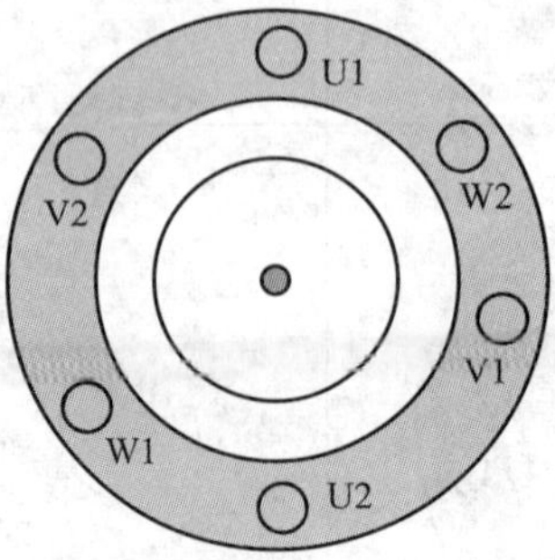 | |
| 磁场旋转的顺序为________________，刚好按顺时针方向旋转一周，共计转过______。 | | |

续表

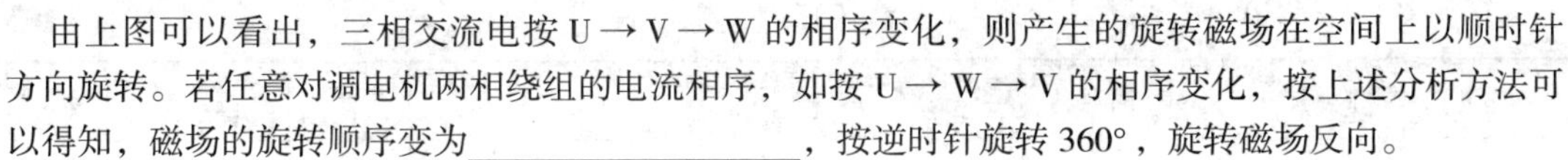

由上图可以看出，三相交流电按 U → V → W 的相序变化，则产生的旋转磁场在空间上以顺时针方向旋转。若任意对调电机两相绕组的电流相序，如按 U → W → V 的相序变化，按上述分析方法可以得知，磁场的旋转顺序变为__________________，按逆时针旋转 360°，旋转磁场反向。

由此可知，旋转磁场的旋转方向取决于通入绕组中的三相交流电的相序，只要对调电机任意两相的相序，即可改变旋转磁场的方向。

（4）转子转动原理

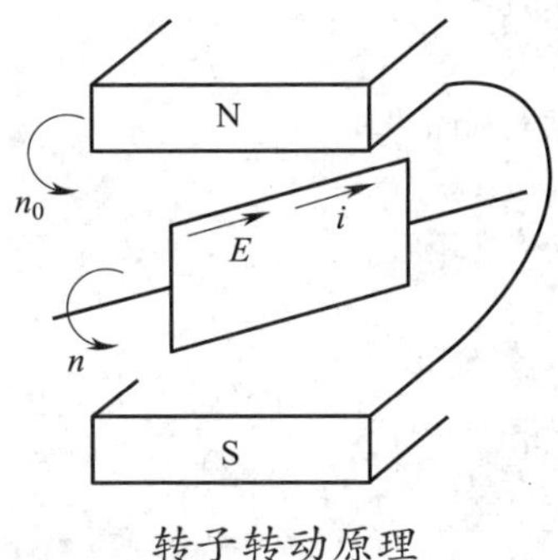


转子转动原理

1）简述感应电流的产生原理，并写出感应电动势 $E$ 的计算公式。

2）简述转子转动原理，并写出磁场力 $F$ 的计算公式。

（2）认识变频器的基本参数

A 参数（环境设定）表

| 名称 | 设定范围 | 出厂设定 |
| --- | --- | --- |
| LCD 操作器显示语言的选择 | 0 ~ 12<br>0：英语<br>1：日语<br>2：德语<br>3：法语<br>4：意大利语<br>5：西班牙语<br>6：葡萄牙语<br>7：汉语<br>8：捷克语<br>9：俄语<br>10：土耳其语<br>11：波兰语<br>12：希腊语 | |
| 参数的访问级 | 0 ~ 2<br>0：监视专用，可查看 A1-01、A1-04 驱动模式，并可访问 U□-□□（监视器）<br>1：常用参数（只能访问 A2-01 ~ A2-32 中设定的参数）<br>2：所有参数（可以访问所有参数） | |
| 控制模式的选择 | 0、1、2、3、5、6、7<br>0：无 PG V/f 控制<br>1：带 PG V/f 控制<br>2：无 PG 矢量控制<br>3：带 PG 矢量控制<br>5：PM（永磁同步电机）用无 PG 矢量控制<br>6：PM 用无 PG 高级矢量控制<br>7：PM 用带 PG 矢量控制 | |
| 初始化 | 0、1110、2220、3330、5550<br>0：出厂设定值<br>1110：根据用户设定进行初始化<br>2220：2 线制顺控的初始化<br>3330：3 线制顺控的初始化<br>5550：OPE04 的复位 | |

B 参数（应用程序）表

| 名称 | 设定范围 | 出厂设定 |
|---|---|---|
| 频率指令选择 1 | 0 ～ 4<br>0：操作器<br>1：控制电路端子（模拟量输入）<br>2：MEMOBUS 通信<br>3：PG 卡<br>4：脉冲序列输入 | |
| 运行指令选择 1 | 0 ～ 3<br>0：操作器<br>1：控制电路端子<br>2：MEMOBUS 通信<br>3：PG 卡 | |

C 参数（调谐）表

| 名称 | 设定范围 | 出厂设定 |
|---|---|---|
| 加速时间 | 0.0 ～ 6 000.0 s | |
| 减速时间 | 0.0 ～ 6 000.0 s | |

加减速时间的选择表

| 加减速时间选择 1<br>H1-□□=7 | 加减速时间选择 2<br>H1-□□=1 A | 有效的参数 | |
|---|---|---|---|
| | | 加速 | 减速 |
| 0（开） | 0（开） | C1-01 | C1-02 |
| 1（闭） | 0（开） | C1-03 | C1-04 |
| 0（开） | 1（闭） | C1-05 | C1-06 |
| 1（闭） | 1（闭） | C1-07 | C1-08 |

续表

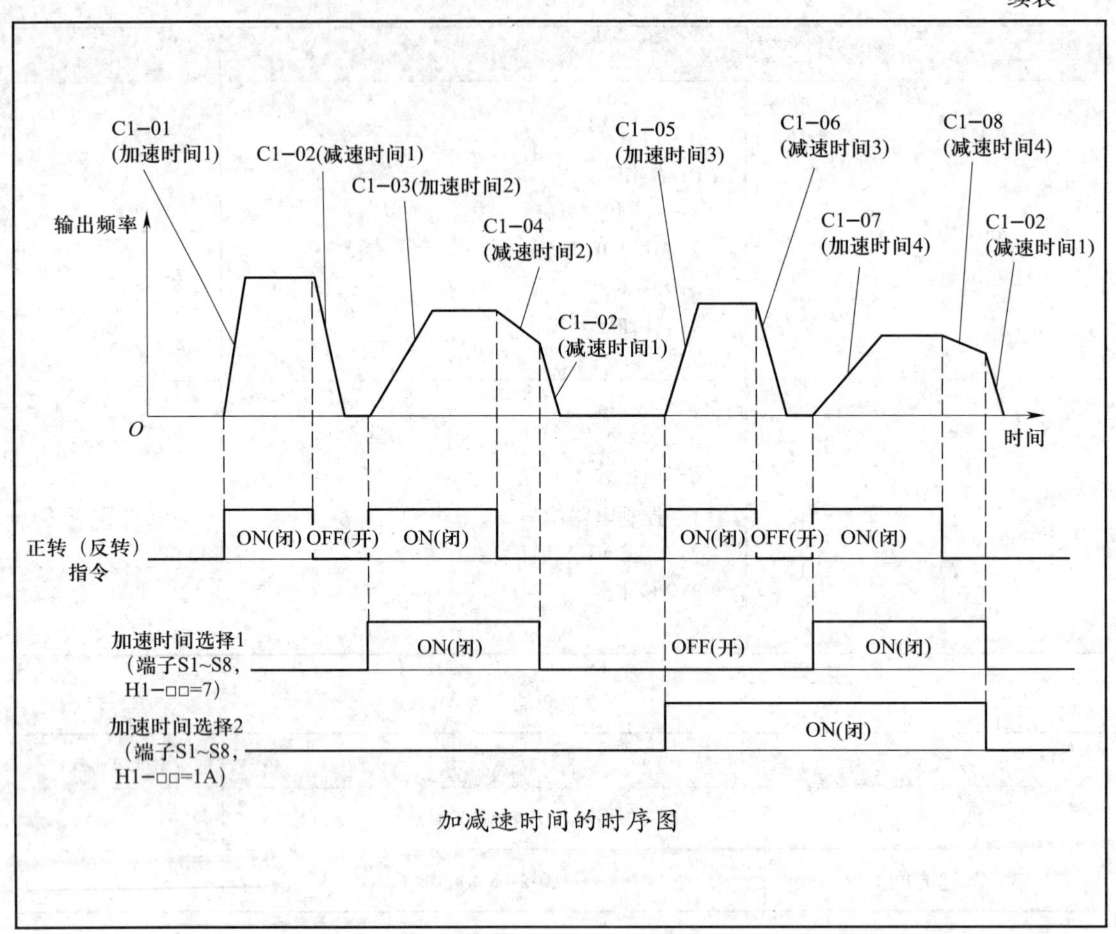


加减速时间的时序图

D 参数（指令）表

| 名称 | 设定范围 | 出厂设定 |
| --- | --- | --- |
| 主速频率指令 | | |

E 参数（电机参数）表

| 名称 | 出厂设定 | |
| --- | --- | --- |
| 输入电压设定 | 200 V 级变频器 | 200 V |
| | 400 V 级变频器 | |
| 电机额定电流 | 变频器额定电流的 10% ~ 200%，取决于 O2-04、C6-01 | |

（3）绘制变频器 PU 控制操作接线图

变频器 PU 控制操作接线图

（4）变频器 PU 控制参数设置

变频器 PU 控制参数设置

| 参数名称 | 设定值 | 参数名称 | 设定值 |
| --- | --- | --- | --- |
| | | | |
| | | | |
| | | | |
| | | | |
| | | | |
| | | | |

（5）变频器 PU 控制操作实施

变频器 PU 控制操作实施

| 工作项目 | 工作内容 | 图示与记录 | 评分标准 | 配分（分） | 得分 |
|---|---|---|---|---|---|
| 1. 变频器接线及通电 | 变频器主电路接线及通电，显示初始画面 | | 接线错误不得分，通、断电步骤错误不得分 | 10 | |
| 2. 变频器初始化 | 设定初始化参数 | 列出变频器初始化参数及设定值： | 每错一处扣 5 分 | 20 | |
| 3. 设定变频器参数 | 设定变频器基本参数 | 列出变频器基本参数及设定值： | 每错一处扣 5 分 | 25 | |
| 4. 电机正转运行操作 | 完成电机正转启动、停止操作 | — | 每错一处扣 5 分 | 10 | |
| 5. 变频器正反转切换 | 切换电机反转运行 | — | 每错一处扣 5 分 | 25 | |
| 6. 电机反转运行操作 | 完成电机反转启动、停止操作 | — | 每错一处扣 5 分 | 10 | |
| 合计：　　分 | | | | | |

## 三、变频器外部端子控制

1．认识变频器控制电路

变频器控制电路认识表

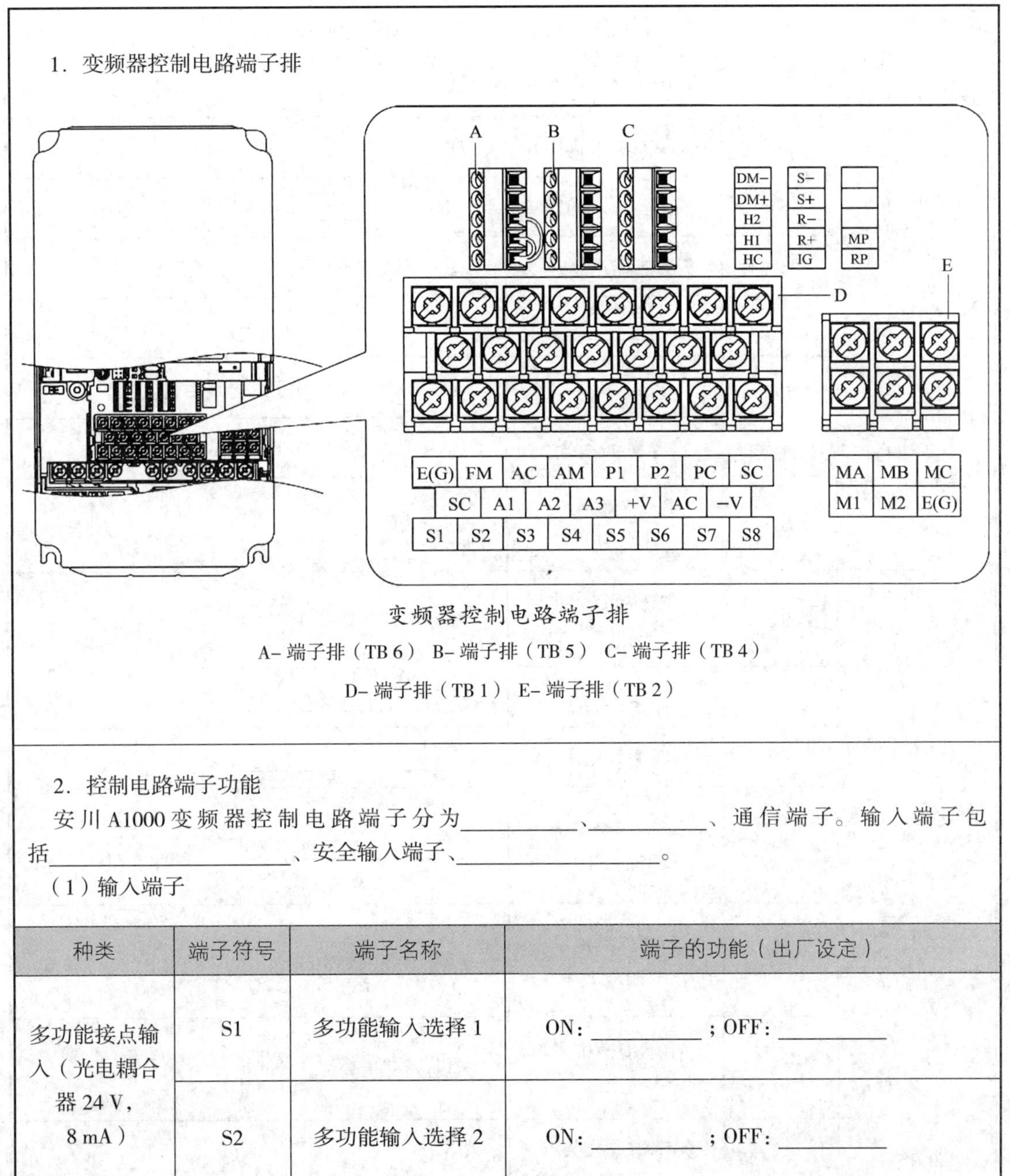

1．变频器控制电路端子排



变频器控制电路端子排

A- 端子排（TB 6）　B- 端子排（TB 5）　C- 端子排（TB 4）

D- 端子排（TB 1）　E- 端子排（TB 2）

2．控制电路端子功能

安川 A1000 变频器控制电路端子分为__________、__________、通信端子。输入端子包括__________________、安全输入端子、________________。

（1）输入端子

| 种类 | 端子符号 | 端子名称 | 端子的功能（出厂设定） |
|---|---|---|---|
| 多功能接点输入（光电耦合器 24 V，8 mA） | S1 | 多功能输入选择 1 | ON：__________；OFF：__________ |
| | S2 | 多功能输入选择 2 | ON：__________；OFF：__________ |

续表

| 种类 | 端子符号 | 端子名称 | 端子的功能（出厂设定） |
|---|---|---|---|
| 多功能接点输入（光电耦合器 24 V，8 mA） | S3 | 多功能输入选择 3 | ON：外部故障（常开接点） |
| | S4 | 多功能输入选择 4 | ON：故障复位 |
| | S5 | 多功能输入选择 5 | ON：__________ |
| | S6 | 多功能输入选择 6 | ON：__________ |
| | S7 | 多功能输入选择 7 | ON：__________ |
| | S8 | 多功能输入选择 8 | ON：基极封锁指令（常开接点） |
| | SC | __________ | — |
| 安全输入（24 V，8 mA） | H1 | 安全输入 1 | ON：自由运行；OFF：正常运行 |
| | H2 | 安全输入 2 | ON：自由运行；OFF：正常运行 |
| | HC | 安全输入用公共点 | — |
| 主速频率指令输入 | RP | 主速指令脉冲序列输入 | 脉冲主速频率指令 |
| | +V | 频率设定用 | __________________ |
| | -V | 频率设定用 | __________________ |
| | A1 | 多功能模拟量输入 1 | __________________ |
| | A2 | 多功能模拟量输入 2 | 与端子 A1 叠算 |
| | A3 | 多功能模拟量输入 3 | 辅助频率指令 |
| | AC | 频率指令公共点 | 0 V |
| | E（G） | 屏蔽线、PG 卡接地线连接 | — |

续表

| （2）输出端子 | | | |
|---|---|---|---|
| 种类 | 端子符号 | 端子名称 | 端子的功能（出厂设定） |
| 故障接点继电器输出（30 V，10 mA ~ 1 A；AC 250 V，10 mA ~ 1 A；最小负载：5 V，10 mA） | MA | ———— | 故障时：MA–MC 端子之间为 ON |
| | MB | ———— | 故障时：MB–MC 端子之间为 OFF |
| | MC | 接点输出公共点 | — |
| 多功能输出接点（30 V，10 mA ~ 1 A；AC 250 V，10 mA ~ 1 A；最小负载：5 V，10 mA） | M1 | 多功能输出接点 | 运行时，M1–M2 端子之间为 ON |
| | M2 | | |
| 多功能光电耦合器输出（48 V，2 ~ 50 mA） | P1 | 光电耦合器输出 1 | 零速 |
| | P2 | 光电耦合器输出 2 | 频率（速度）一致 1 |
| | PC | 光电耦合器输出公共点 | — |
| 监视输出 | MP | 脉冲序列输出 | 输出频率 |
| | FM | 模拟量监视输出 1 | 输出频率 |
| | AM | 模拟量监视输出 2 | 输出电流 |
| | AC | 监视公共点 | 0 V |
| 安全监视输出（48 V，50 mA 以下） | DM+ | 安全监视输出 | 监视电路状态输出，两点均正常工作时，安全输入变为 OFF |
| | DM– | 安全监视输出公共点 | — |

续表

(3)通信端子

| 种类 | 端子符号 | 端子名称 | 端子说明(出厂设定) |
|---|---|---|---|
| RS-422/RS-485 MEMOBUS 通信 | R+ | 通信输入 | (+) |
| | R- | 通信输入 | (-) |
| | S+ | 通信输出 | (+) |
| | S- | 通信输出 | (-) |
| | IG | 通信接地 | 0 V |

3. 控制电路的接线

(1)接线注意事项

1)勿在通电状态下拆下变频器的外罩或触摸印制电路板，否则会有触电的危险。

2)控制电路接线与____________(端子 R/L1、S/L2、T/L3、R1/L11、S1/L21、T1/L31、B1、B2、U/T1、V/T2、W/T3、-、+1、+2、+3)及其他____________分开。

3)接点输出端子 MA、MB、MC、M1、M2 与其他控制电路分开接线。

4)屏蔽线应接在变频器的 E(G)端子上(不是接在接地端子上)，并且线头要用胶带绝缘。

5)远程控制模拟量信号的频率指令时，控制电路接线的长度应控制在 50 m 以下。

(2)压接棒端子

TB1、TB2 端子接线与主电路端子接线类似，采用螺钉压接法。

TB4、TB5、TB6 推荐在信号线上使用带有绝缘套筒的压接棒端子，以提高接线的简便性和可靠性。压接棒端子规格如下图所示。

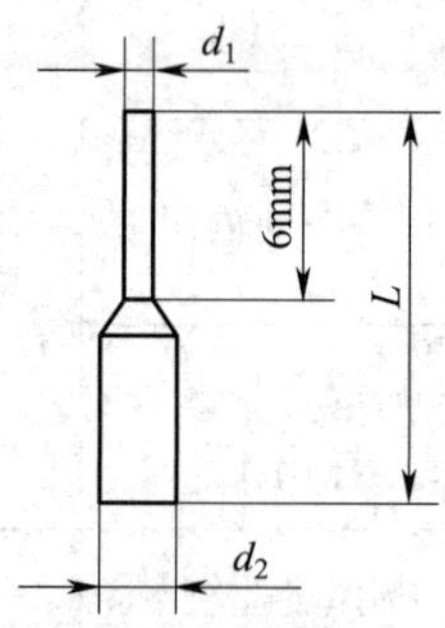


压接棒端子规格

| 导线尺寸($mm^2$) | 型号 | $L$(mm) | $d_1$(mm) | $d_2$(mm) | 生产厂家 |
|---|---|---|---|---|---|
| 0.25 | AI 0.25-6YE | 10.5 | 0.8 | 2 | Phoenix Contact |
| 0.34 | AI 0.34-6TQ | 10.5 | 0.8 | 2 | |
| 0.5 | AI 0.5-6WH | 14 | 1.1 | 2.5 | |

续表

（3）TB4、TB5、TB6 端子接线示意图及效果图

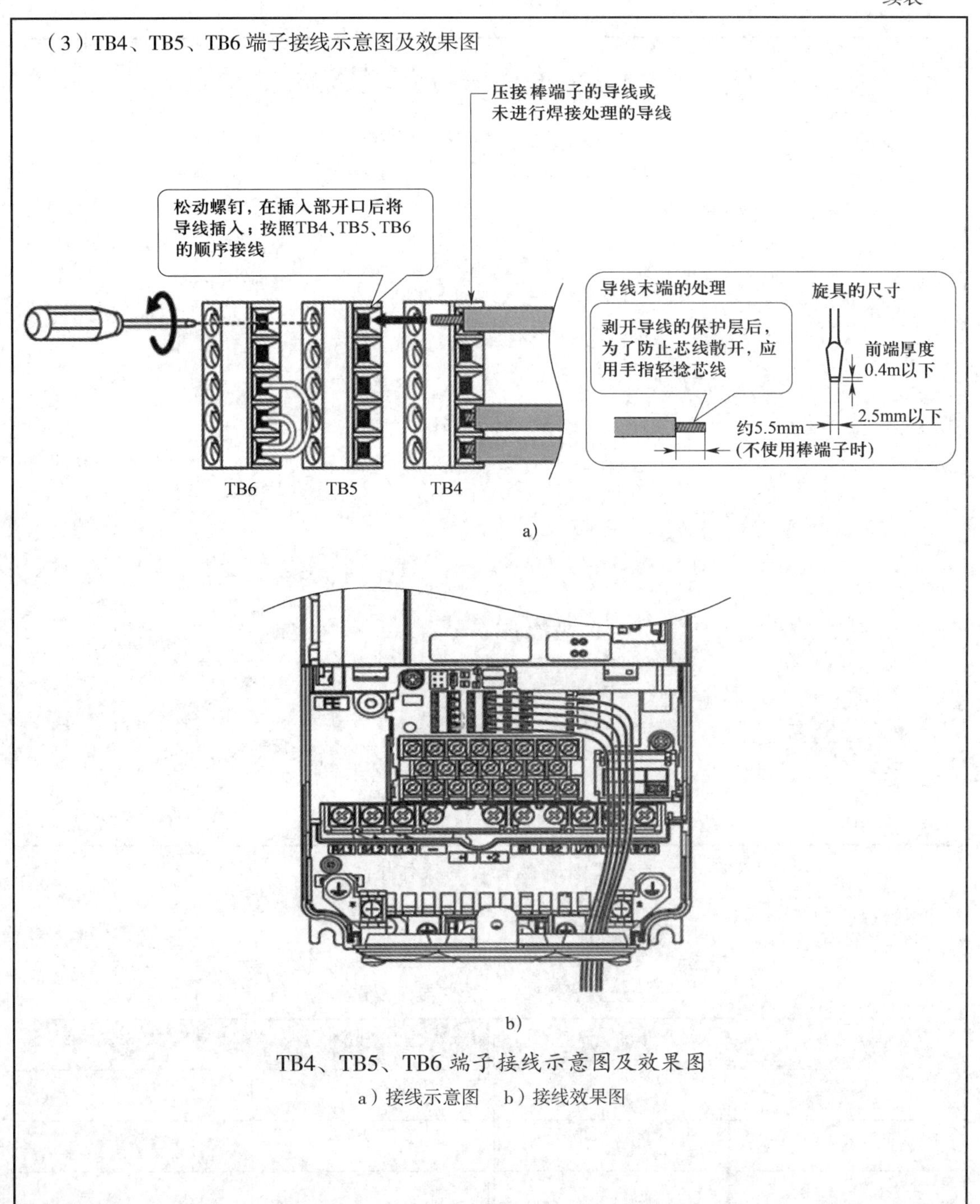


a)

b)

TB4、TB5、TB6 端子接线示意图及效果图

a）接线示意图　b）接线效果图

2．绘制变频器外部端子控制操作接线图

变频器外部端子控制操作接线图

3．变频器外部端子控制参数设置

变频器外部端子控制参数设置

| 参数名称 | 设定值 | 参数名称 | 设定值 |
| --- | --- | --- | --- |
|  |  |  |  |
|  |  |  |  |
|  |  |  |  |
|  |  |  |  |
|  |  |  |  |
|  |  |  |  |

4．变频器外部端子控制操作实施

变频器外部端子控制操作实施

| 工作项目 | 工作内容 | 记录 | 评分标准 | 配分（分） | 得分 |
| --- | --- | --- | --- | --- | --- |
| 1. 外部控制端子接线及通电 | 按接线图接线和通电 | — | 每错一处扣5分 | 30 | |
| 2. 变频器初始化 | 设定初始化参数 | 列出变频器初始化参数及设定值： | 每错一处扣5分 | 10 | |
| 3. 设定变频器参数 | 设定变频器基本参数 | 列出变频器基本参数及设定值： | 每错一处扣5分 | 20 | |
| 4. 外部端子控制电机正转运行操作 | 完成电机正转启动、停止操作 | — | 每错一处扣5分 | 20 | |
| 5. 外部端子控制电机反转运行操作 | 完成电机反转启动、停止操作 | — | 每错一处扣5分 | 20 | |
| 合计：　　分 | | | | | |

## 四、变频器模拟量输入端子调速

1．认识三相异步电机的调速原理

三相异步电机的调速原理认识表

1．三相异步电机调速的基本工作原理

（1）旋转磁场的转速 $n_0$（同步转速）

| 图示 | 同步转速计算 |
| --- | --- |
| 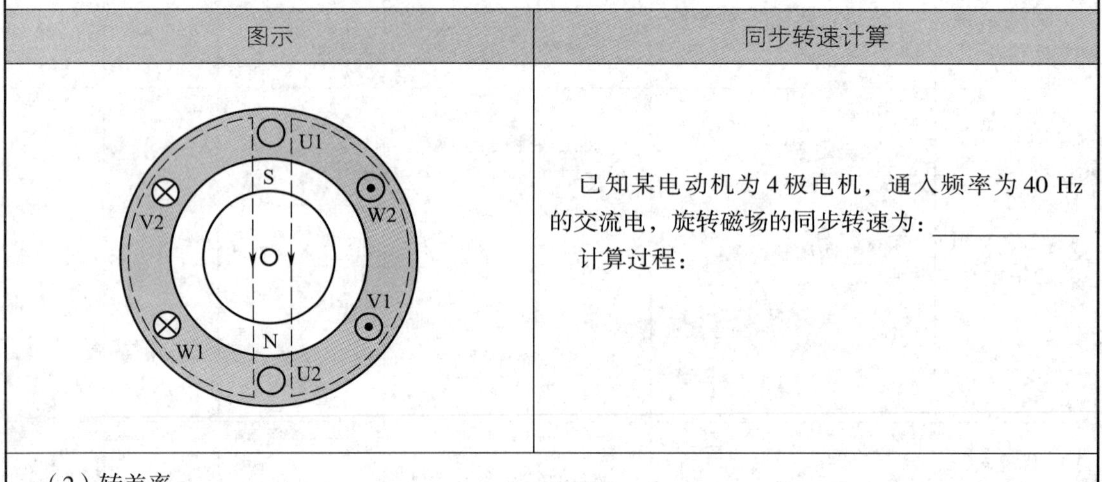 | 已知某电动机为 4 极电机，通入频率为 40 Hz 的交流电，旋转磁场的同步转速为：＿＿＿＿＿＿<br>计算过程： |

（2）转差率 $s$

已知某电动机同步转速为 1 500 r/min，转子转速为 1 485 r/min，转差率为：＿＿＿＿＿＿

计算过程：

（3）转子转速 $n$

| 图示 | 转子转速计算 |
| --- | --- |
| 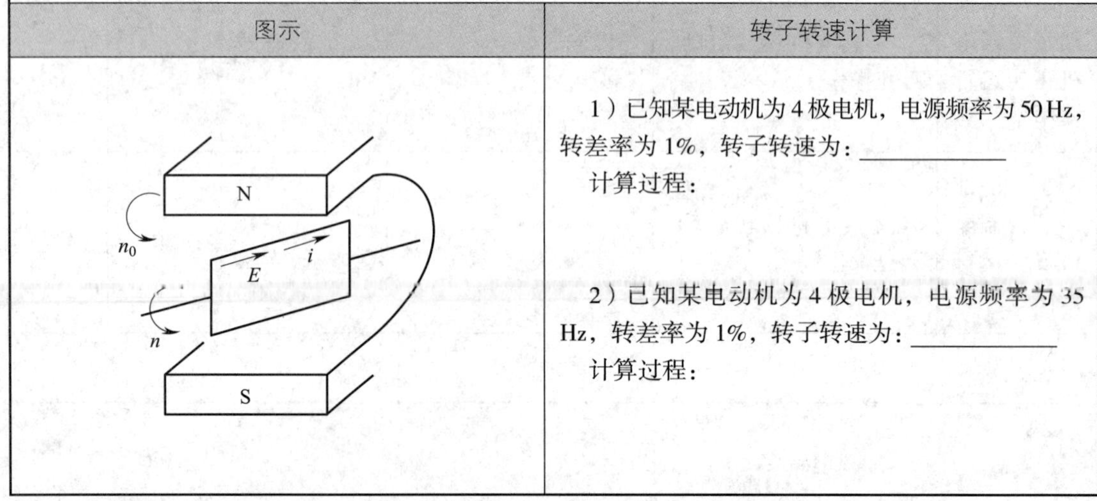 | 1）已知某电动机为 4 极电机，电源频率为 50 Hz，转差率为 1%，转子转速为：＿＿＿＿＿＿<br>计算过程：<br>2）已知某电动机为 4 极电机，电源频率为 35 Hz，转差率为 1%，转子转速为：＿＿＿＿＿＿<br>计算过程： |

续表

2. 变频调速的原理

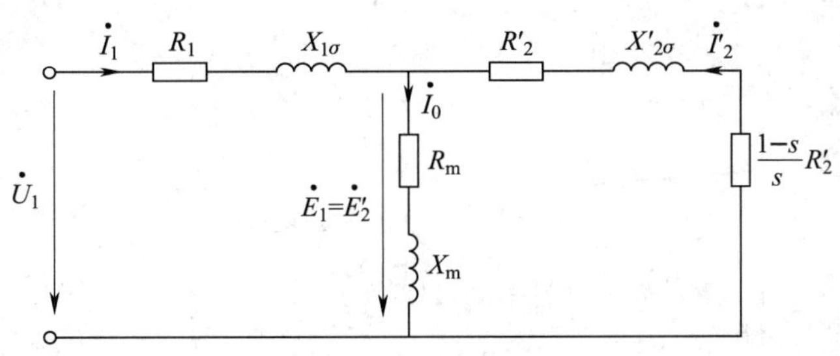


三相异步电机的等效电路

写出三相异步电机定子绕组感应电动势 $E_1$ 的表达式，并参照上面三相异步电机的等效电路，分析为什么电机调速不仅能改变定子绕组的电源频率，还能改变电压。

（1）从上面的分析可知，改变定子绕组的电源频率 $f_1$ 就可以调节转速的大小，但是只改变 $f_1$ 不但不能正常调速，而且可能导致电机运行性能恶化，下面具体分析。

根据电机学原理，三相异步电机定子绕组感应电动势 $E_1$ 的表达式为：

（2）对三相异步电机的等效电路进行分析可知，当 $E_1$ 和 $f_1$ 的值较大时，定子的漏阻抗相对较小，漏阻抗压降 $\dot{I}_1$（$R_1+jX_{1\sigma}$）可以忽略不计，则有：

因此，如果只改变频率 $f_1$，而保持电机定子电压 $U_1$ 不变，将会引起________变化。

（3）三相异步电机额定工作时，为了获得更大的电磁转矩，主磁通 $\Phi_m$ 设计在____________处。$\Phi_m$ 再增大，将会使电机磁路过饱和，从而导致过大的__________，严重时会因绕组过热损坏电机。因此，电机调速调节频率时要维持主磁通 $\Phi_m$ 不变，即：

续表

3．变频调速的机械特性

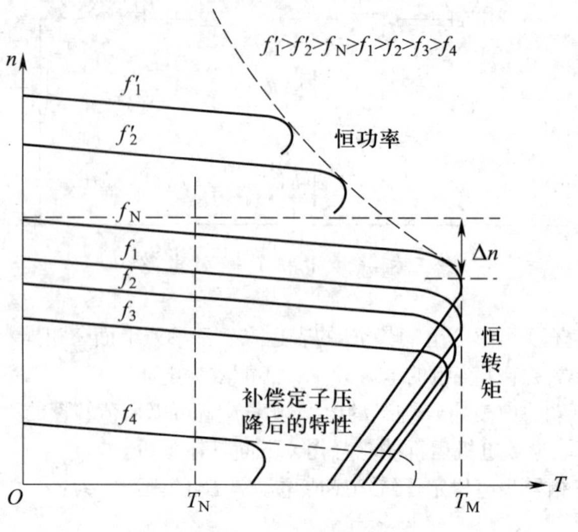


变频调速的机械特性曲线

已知三相异步电机机械特性参数表达式为：

$$T_{max}=\frac{3pU_1^2}{4\pi f_1\left(R_1+\sqrt{R_1^2+(X_{1\sigma}+X'_{2\sigma})^2}\right)}$$

（1）分析$f<f_{1N}$，基频以下变频调速最大电磁转矩、对应临界转速的转速差、启动转矩有什么规律。

分析三相异步电机机械特性参数表达式可知，当$f_1$较高时，定子绕组电阻$R_1$相对电感较小，当频率由基频向下调速时，可以得到：

1）

2）

3）

因此，基频以下的变频调速又称为恒磁通（恒转矩）调速。

（2）分析$f<f_{1N}$，基频以上变频调速有什么规律。

当定子绕组的电源频率由$f_{1N}$向上调节时，若按照$U/f$为常数的规律控制，电压也必须由$U_{1N}$向上调节，但是电机受额定电压的限制不能随意向上调节电压，只能保持__________不变。

由$U_1\approx E_1\propto f_1\Phi_m$可知，在$U_1$不变的情况下，$f_1$向上调节，必然使主磁通$\Phi_m$与频率$f_1$成反比降低，电机输出的__________减小。

在这种控制方式下，转速越高，转矩__________，但转速与转矩的__________基本不变，即电机__________基本不变。因此，基频以上的调速属于弱磁恒功率（恒电压）调速。

2．认识变频器的基本结构及工作原理

变频器的基本结构及工作原理认识表

交流变频调速技术是强弱电混合、机电一体的综合性技术，既要处理巨大电能的转换（整流、逆变），又要处理信息的收集、变换和传输，其技术分为＿＿＿＿＿和＿＿＿＿＿两部分。前者要解决与高电压、大电流有关的技术问题和新型电力电子元器件的应用技术问题，后者要解决基于现代控制理论的控制策略和智能控制策略的硬、软件开发问题。

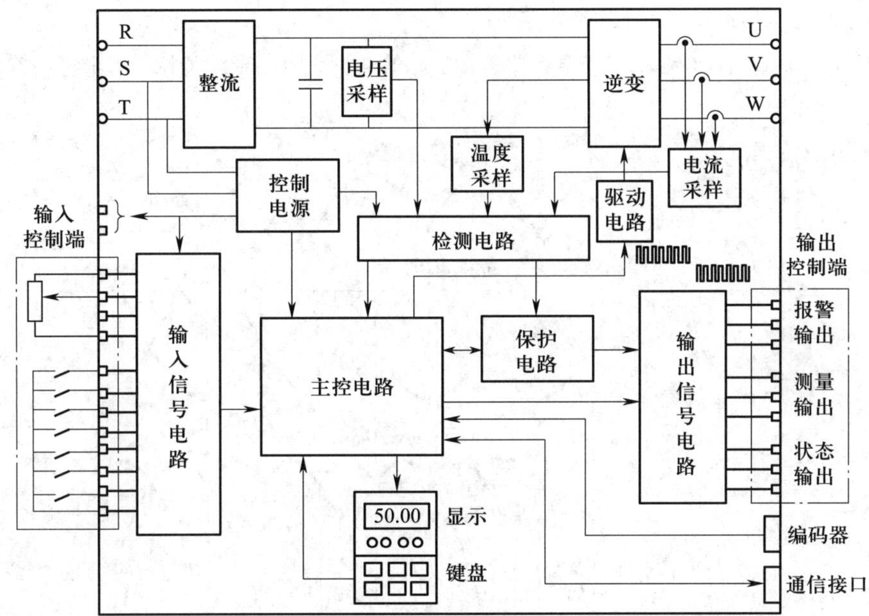


变频器的基本构成

1．变频器主电路

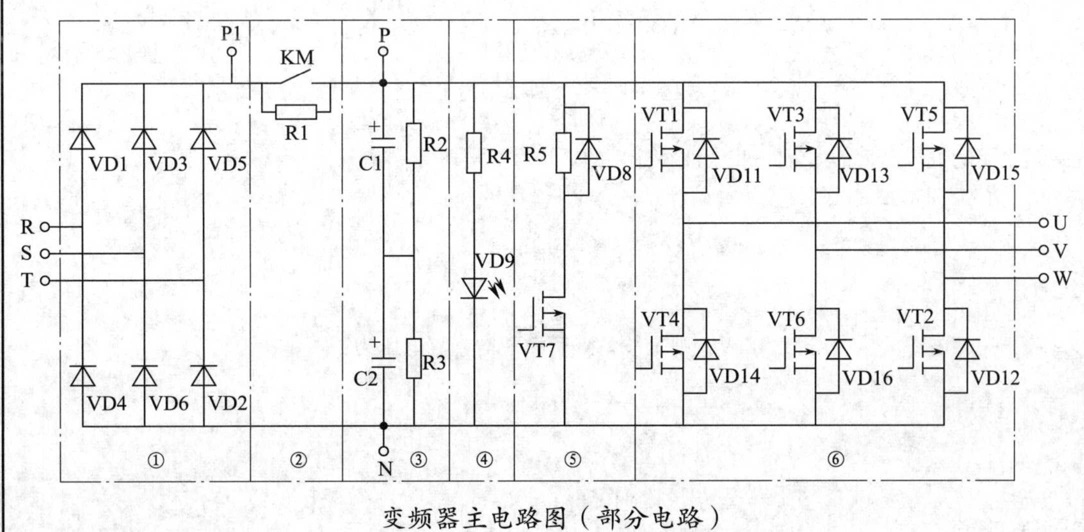


变频器主电路图（部分电路）

续表

| 代号 | 名称 | 代号 | 名称 |
|---|---|---|---|
| ① | | ④ | |
| ② | | ⑤ | |
| ③ | | ⑥ | |

（1）交－直整流电路

整流二极管 VD1 ~ VD6 组成三相整流桥，将电源的三相交流电全波整流成直流电，输出波形如下图所示。

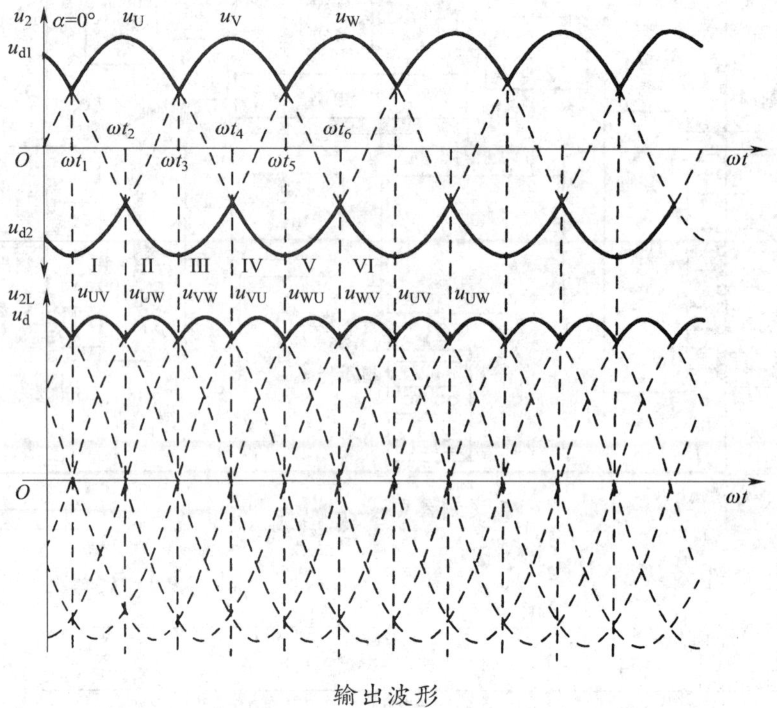


输出波形

若电源的线电压为 $U_L$，则三相全波整流后的平均直流电压为：

我国三相电源的线电压为 380 V，则全波整流后的平均直流电压为：

续表

（2）限流电路

限流电阻 R1 的作用：

开关 KM 的作用：

（3）滤波电路

滤波电容 C1 和 C2 的作用：

由于两组电容特性不可能完全相同，在每组电容上并联阻值相等的均压电阻 R2 和 R3。

均压电阻的均压原理：假设 $C_1<C_2$，则 $U_{C1}>U_{C2}$。因为 $I_2=U_{C1}/R_2$、$I_3=U_{C2}/R_3$，所以 $I_2>I_3$。故 $C_2$ 上的电压 $U_{C2}$ 有所上升，而 $C_1$ 上的电压 $U_{C1}$ 则有所下降，缩小两组电容上的电压差，使之趋于平衡。

（4）高压指示电路

电源指示 VD9 的作用：

（5）制动电路

制动电阻 R5 的作用：

功率较大的变频器需外接制动电阻 R，有外接制动电阻端子，如下图所示。

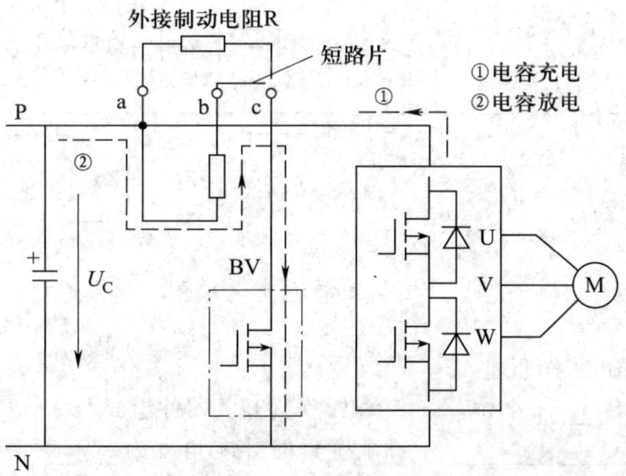


通过外接制动电阻端子外接制动电阻

续表

(6) 直 - 交逆变电路

1) 逆变管 VT1 ~ VT6

①单相桥式逆变电路

以单相桥式逆变电路为例，简述逆变电路的基本工作原理。

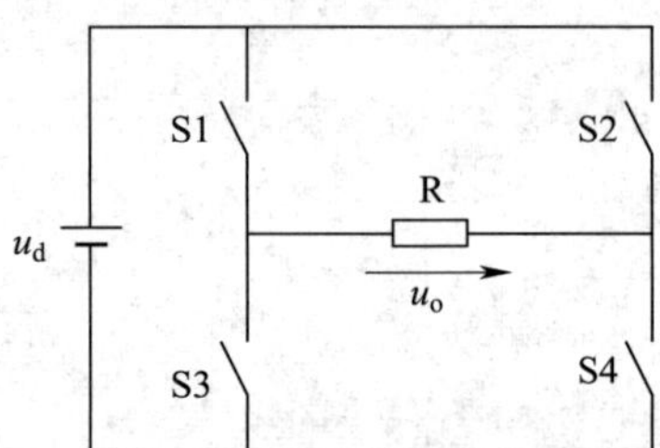


单相桥式逆变电路图

②三相电压型逆变电路

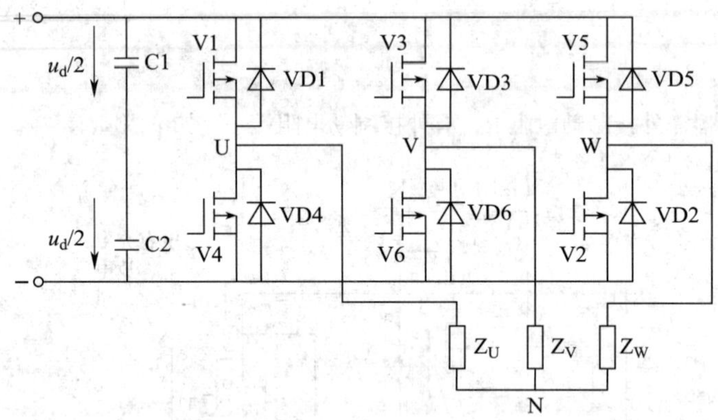


三相电压型逆变电路图

三相电压型逆变电路的工作原理：

三相桥式逆变电路有______个桥臂，由 IGBT 作为开关器件组成。每个 IGBT 依次间隔______换流，导通顺序为__________________，每个桥臂的导电角度为______，任意瞬间有______个桥臂同时导通，每个周期的导通顺序为 V1、V2、V3 → V2、V3、V4 → V3、V4、V5 → V4、V5、V6 → V5、V6、V1 → V6、V1、V2。

续表

| $\omega t$ | | 0° ~ 60° | 60° ~ 120° | 120° ~ 180° | 180° ~ 240° | 240° ~ 300° | 300° ~ 360° |
|---|---|---|---|---|---|---|---|
| 导通的IGBT | | V1、V2、V3 | V2、V3、V4 | V3、V4、V5 | V4、V5、V6 | V5、V6、V1 | V6、V1、V2 |
| 负载等值电路 | | | | | | | |
| 输出相电压值 | $u_{UN}$ | $+\frac{1}{3}u_d$ | $-\frac{1}{3}u_d$ | $-\frac{2}{3}u_d$ | $-\frac{1}{3}u_d$ | $+\frac{1}{3}u_d$ | $+\frac{2}{3}u_d$ |
| | $u_{VN}$ | $+\frac{1}{3}u_d$ | $+\frac{2}{3}u_d$ | $+\frac{1}{3}u_d$ | $-\frac{1}{3}u_d$ | $-\frac{2}{3}u_d$ | $-\frac{1}{3}u_d$ |
| | $u_{WN}$ | $-\frac{2}{3}u_d$ | $-\frac{1}{3}u_d$ | $+\frac{1}{3}u_d$ | $+\frac{2}{3}u_d$ | $+\frac{1}{3}u_d$ | $-\frac{1}{3}u_d$ |
| 输出线电压值 | $u_{UV}$ | 0 | $-u_d$ | $-u_d$ | 0 | $+u_d$ | $+u_d$ |
| | $u_{VW}$ | $+u_d$ | $+u_d$ | 0 | $-u_d$ | $-u_d$ | 0 |
| | $u_{WU}$ | $-u_d$ | 0 | $+u_d$ | $+u_d$ | 0 | $-u_d$ |

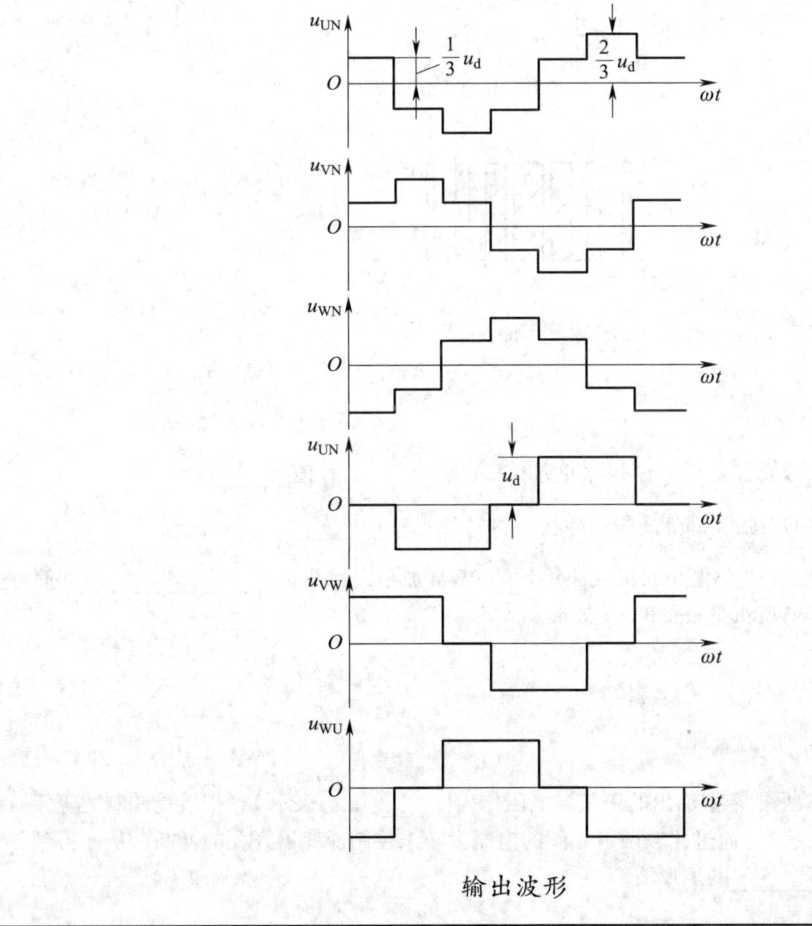


输出波形

续表

③ SPWM 控制

脉宽调制技术简称为 PWM（Pulse Width Modulation），是通过控制半导体开关器件的导通和关断时间比，即调节脉冲宽度或周期来控制输出电压的一种控制技术。

简述 PWM 控制的具体过程。

参考下图，分析如何用一系列等幅不等宽的脉冲代替正弦波。

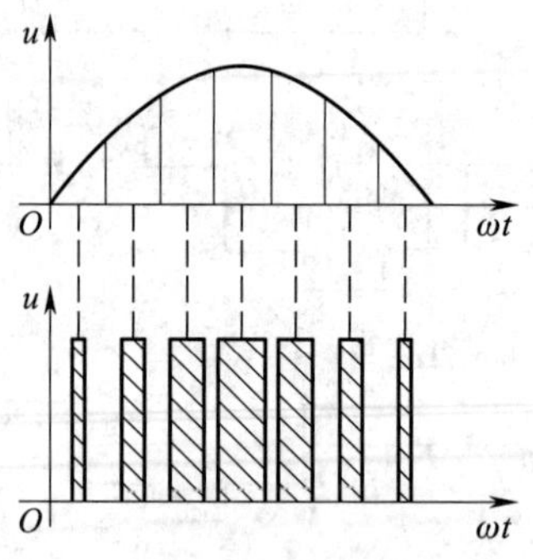


脉宽调制波形

上图中：

A．把正弦半波波形分成 $N$ 等份，这些脉冲宽度都等于______，幅值______。

B．矩形脉冲和相应的正弦波部分面积（冲量）的关系是：______________。

这种脉冲宽度按正弦规律变化并和正弦波等效的 PWM 波形，称为__________________，简称为 SPWM（Sinusoidal Pulse Width Modulation）波形。

④ SPWM 调制

正弦脉宽调制方法就是把希望输出的正弦波电压作为______（用 $u_r$ 表示），把接受调制的等腰三角波作为______（用 $u_c$ 表示），通过比较两者之间的电压大小来控制逆变器开关的通断，从而得到一系列________________________的矩形波。

续表

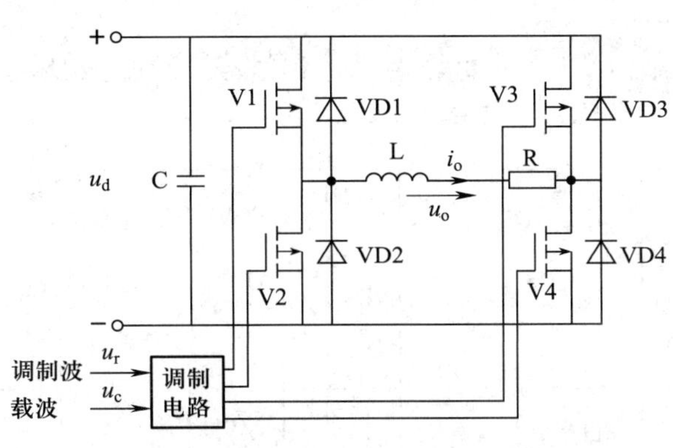


正弦脉宽调制电路图

调制过程：

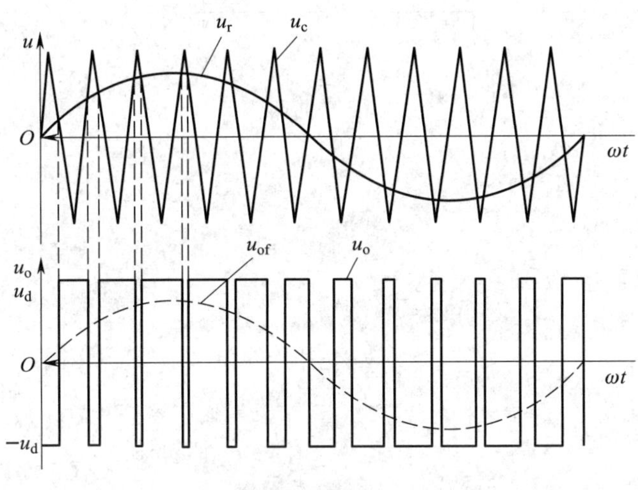


正弦脉宽调制波形

通过调制电路，在 $u_r$ 和 $u_c$ 交点处控制 IGBT 的通断。

A．$u_r>u_c$，控制 IGBT______；$u_r<u_c$，控制 IGBT______，这样就得到了 SPWM 波形。

B．SPWM 波形的特点是中间脉冲______、两边脉冲______，在任何半周内始终为一个极性，这样输出电压的低次谐波分量可大大减小。

C．虚线 $u_{of}$ 表示 $u_o$ 中的基波分量，可以看出控制调制波 $u_r$ 的幅值和频率，就能控制逆变器输出电压的______和__________。

2）续流二极管 VD11 ~ VD16

续流二极管 VD11 ~ VD16 的作用：

续表

3）缓冲电路

逆变管在导通和截止瞬间，其电压和电流的变化率比较大，可能会损坏逆变管。因此，在每个逆变管旁接入缓冲电路，可以减缓电压和电流的变化率。

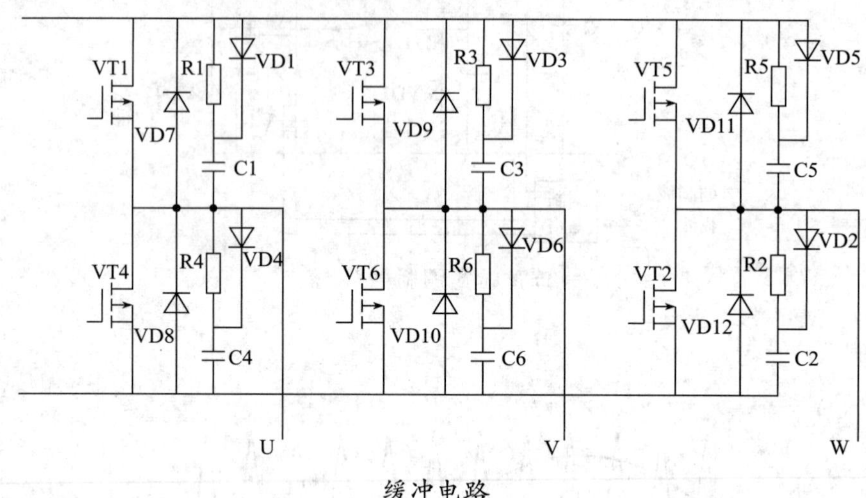


缓冲电路

C1 ~ C6 的作用：

R1 ~ R6 的作用：

VD1 ~ VD6 的作用：

3．认识变频器的频率指令

变频器的频率指令认识表

| 1. 变频器频率术语 |
|---|
| （1）基底频率$f_B$<br>当变频器的基准电压等于＿＿＿＿＿＿时的最小输出频率称为基底频率，用来作为调节频率的基准。在大多数情况下，基底频率等于额定频率，即$f_B$=$f_N$。 |

续表

（2）最高频率 $f_{max}$

| 定义 | 设定参数 | 设定范围 |
|---|---|---|
| 当变频器的频率给定信号为＿＿＿＿＿＿时的输出频率称为最高频率 | | 40.0 ~ 400.0 Hz |

（3）上限频率 $f_H$ 和下限频率 $f_L$

根据拖动系统的需要，变频器可设定上限频率和下限频率，与 $f_H$ 和 $f_L$ 对应的给定信号分别是 $X_H$ 和 $X_L$，则有：

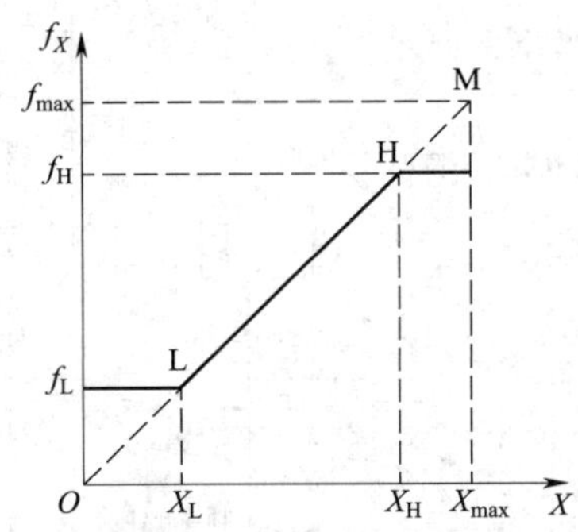


上、下限频率与给定信号的关系曲线

$$f_X=f_H\ (X \geqslant X_H)$$
$$f_X=f_L\ (X \leqslant X_L)$$

以 E1-04（最高输出频率）为 100%，设定输出频率指令的上限值和下限值。

| No. | 名称 | 设定范围 | 出厂设定 |
|---|---|---|---|
| | 频率指令上限值 | 0.0% ~ 110.0% | |
| | 频率指令下限值 | 0.0% ~ 110.0% | |

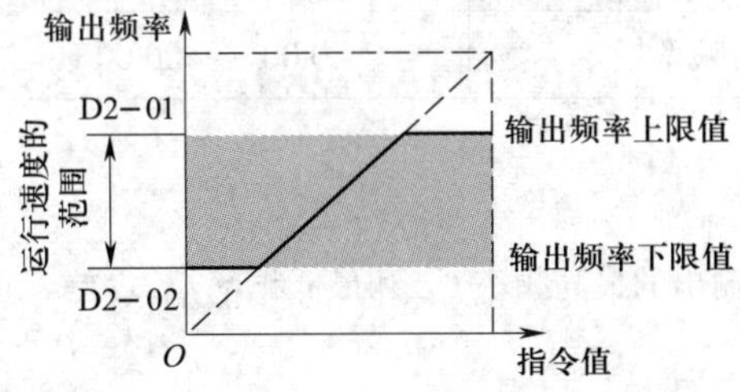


频率指令上、下限曲线示意图

（4）跳变频率 $f_J$

生产机械在运转时的振动频率与转速有关。在某一转速下，机械的振动频率与它的固有振荡频率相一致时，会发生谐振。谐振时振动十分强烈，容易造成机械损坏。为了避免发生谐振，必须使机械系统回避可能引起谐振的转速，与该回避转速相对应的频率就是跳变频率。

续表

| No. | 名称 | 设定范围 | 出厂设定 |
|---|---|---|---|
| | 跳变频率 1 | 0.0 ~ 400.0 Hz | 0.0 Hz |
| | 跳变频率 2 | | |
| | 跳变频率 3 | | |
| | 跳变频率幅度 | 0.0 ~ 20.0 Hz | 1.0 Hz |

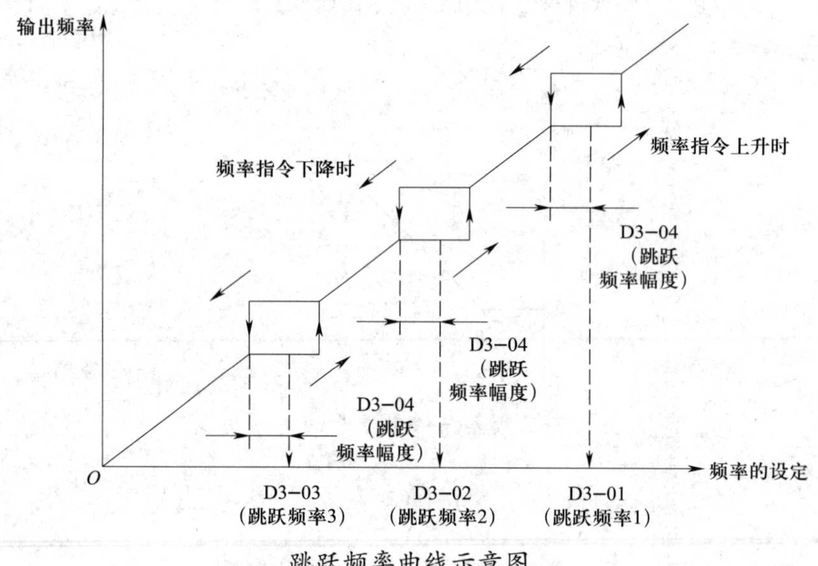


跳跃频率曲线示意图

（5）点动频率 $f_{JOG}$

变频器可以根据生产机械的特点和要求，预先设定一个点动频率 $f_{JOG}$，每次点动操作时都在该频率下运行。

| No. | 名称 | 设定范围 | 出厂设定 |
|---|---|---|---|
| | 点动频率指令 | 0.00 ~ 400.00 Hz | |

2．变频器频率指标

（1）频率范围

频率范围是指变频器能够输出的最高频率 $f_{max}$ 和最低频率 $f_{min}$ 之差。通常 $f_{min}$ 为 0.1 ~ 1 Hz，$f_{max}$ 为 120 ~ 650 Hz。

（2）频率精度

频率精度是指变频器输出频率的准确程度，用变频器的实际输出频率与设定频率之间的最大误差 $\Delta f$ 与最高工作频率 $f_{max}$ 之比表示。

例如，给定的最高频率 $f_{max}$=150 Hz，频率精度为 0.01%，则最大误差为

$$\Delta f=150\times 0.01\%=0.015\ \text{Hz}$$

通常，由数字量给定时的频率精度约比模拟量给定时的频率精度高一个数量级。

续表

| （3）频率分辨率<br>频率分辨率是指输出频率的最小改变量，即每相邻两挡频率之间的大小差值，一般分为模拟设定分辨率和数字设定分辨率两种。<br>例如，当工作频率 $f_X$=40 Hz、变频器频率分辨率为 0.01 Hz 时，上一挡的最小频率为＿＿＿＿＿＿＿＿＿＿＿＿＿＿；下一挡的最大频率为＿＿＿＿＿＿＿＿＿＿＿＿＿＿。 |
|---|

4．变频器主频率的外部设定

变频器主频率的外部设定表

| No. | 名称 | 设定范围 | 出厂设定 |
|---|---|---|---|
| B1-01 | 频率指令选择 1 | 0 ~ 4<br>0：操作器<br>1：＿＿＿＿＿＿<br>2：MEMOBUS 通信<br>3：PG 卡<br>4：脉冲序列输入 | 1 |

A1 端子功能表

| No. | 名称 | 设定范围 | 出厂设定 |
|---|---|---|---|
| | 端子 A1 功能选择 | 0 ~ 32 | 0：＿＿＿＿<br>2：＿＿＿＿<br>3：＿＿＿＿<br>F：＿＿＿＿ |
| | 端子 A1 信号电平选择 | 0、1 | 0：＿＿＿＿<br>1：＿＿＿＿ |

A2 端子功能表

| No. | 名称 | 设定范围 | 出厂设定 |
|---|---|---|---|
| | 端子 A2 功能选择 | 0 ~ 32 | 0：＿＿＿＿<br>2：＿＿＿＿<br>3：＿＿＿＿<br>F：＿＿＿＿ |
| | 端子 A2 信号电平选择 | 0 ~ 3 | 0：0 ~ 10 V<br>1：-10 ~ 10 V<br>2：＿＿＿＿<br>3：0 ~ 20 mA |

A3 端子功能表

| No. | 名称 | 设定范围 | 出厂设定 |
|---|---|---|---|
| | 端子 A3 功能选择 | 0 ~ 32 | 0：______<br>2：______<br>3：______<br>F：______ |
| | 端子 A3 信号电平选择 | 0、1 | 0：______<br>1：______ |

5．绘制变频器模拟量输入端子调速操作接线图

变频器模拟量输入端子调速操作接线图

6．变频器模拟量输入端子调速参数设置

变频器模拟量输入端子调速参数设置

| 参数名称 | 设定值 | 参数名称 | 设定值 |
|---|---|---|---|
| | | | |
| | | | |
| | | | |
| | | | |
| | | | |
| | | | |

7．变频器模拟量输入端子调速操作实施

变频器模拟量输入端子调速操作实施

| 工作项目 | 工作内容 | 图示与记录 | 评分标准 | 配分（分） | 得分 |
| --- | --- | --- | --- | --- | --- |
| 1．模拟量输入端子调速接线及通电 | 按接线图接线和通电 | — | 每错一处扣5分 | 30 | |
| 2．变频器初始化 | 设定初始化参数 | 列出变频器初始化参数及设定值： | 每错一处扣5分 | 10 | |
| 3．设定变频器参数 | 设定变频器基本参数 | 列出变频器基本参数及设定值： | 每错一处扣5分 | 20 | |
| 4.模拟量输入端子调速控制电机运行操作 | 完成电机正/反转启动、停止操作；用模拟量输入端子完成调速操作 | 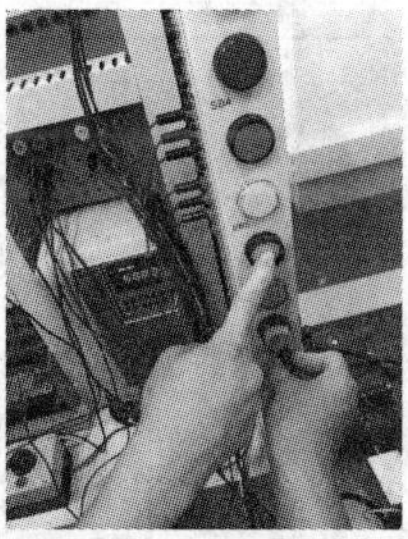 | 每错一处扣5分 | 40 | |
| 合计：　　分 | | | | | |

## 五、变频器控制端子多段速调速

1．变频器17段速设定方法

安川A1000变频器通过16个频率指令和1个点动频率指令，最多可进行______段速的速度切换。

B1-01
（频率指令选择1）
=4
=3
=2
=1
=0
脉冲序列输入
选购卡
MEMOBUS通信
端子A1/A2/A3
D1-01
（频率指令1）
Bl-15
（频率指令选择2）
多功能接点输入
H1-□□=2
0
1
LO/RE D2-03（主速指令下限值）
Remote
Local
17段速设置
作为辅助频率指令设定值
端子A2
H3-10=2
H3-10≠2
D1-02
端子A3
H3-06=3
H3-06≠3
D1-03
D1-04
D1-15
D1-16
D1-17
频率指令
4~16
点动频率指令
1段速指令
2段速指令
3段速指令
4段速指令
15段速指令
16段速指令
点动频率指令
多段速频率指令
开
闭
H1-□□=6（点动频率指令）
NetRef
ComRef
通信选购件的指令规格
MEMOBUS寄存器0001H的位4
（2选择顺控器时）
选购卡
使用时OFF
频率指令

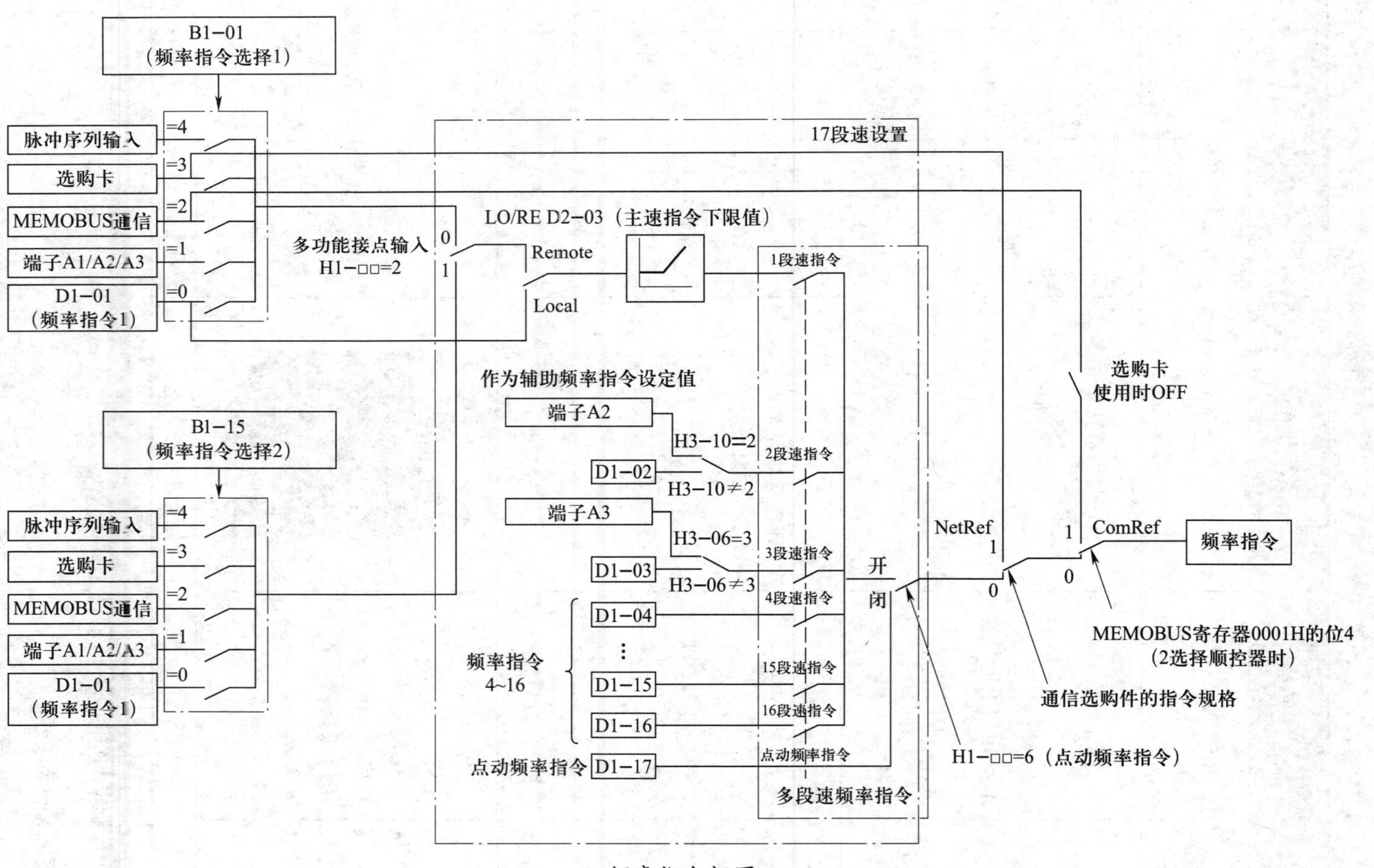

频率指令框图

选择频率给定方式的原则：

（1）面板给定和外接给定中，优先选择__________。

（2）数字量给定和模拟量给定中，优先选择__________。

（3）在电压信号和电流信号中，优先选择__________。

多段速指令及多功能接点输入的组合表

| 详细内容 | 多段速指令 1 H1- □□ =3 | 多段速指令 2 H1- □□ =4 | 多段速指令 3 H1- □□ =5 | 多段速指令 4 H1- □□ =32 | 点动指令 H1- □□ =6 |
|---|---|---|---|---|---|
| 频率指令 1（通过 B1-01 选择的指令） | X | X | X | X | X |
| 频率指令 2（D1-02 或端子 A1、A2、A3） | | | | | |
| 频率指令 3（D1-03 或端子 A1、A2、A3） | | | | | |
| 频率指令 4（D1-04） | | | | | |
| 频率指令 5（D1-05） | | | | | |
| 频率指令 6（D1-06） | | | | | |
| 频率指令 7（D1-07） | | | | | |
| 频率指令 8（D1-08） | | | | | |
| 频率指令 9（D1-09） | | | | | |
| 频率指令 10（D1-10） | | | | | |
| 频率指令 11（D1-11） | | | | | |
| 频率指令 12（D1-12） | | | | | |
| 频率指令 13（D1-13） | | | | | |
| 频率指令 14（D1-14） | | | | | |
| 频率指令 15（D1-15） | | | | | |
| 频率指令 16（D1-16） | O | O | O | O | X |
| 点动频率指令（D1-17）<1> | — | — | | | |

注：X：不需要设定；O：需要设定；—：无影响；<1>：点动频率指令优先于任何多段速指令。

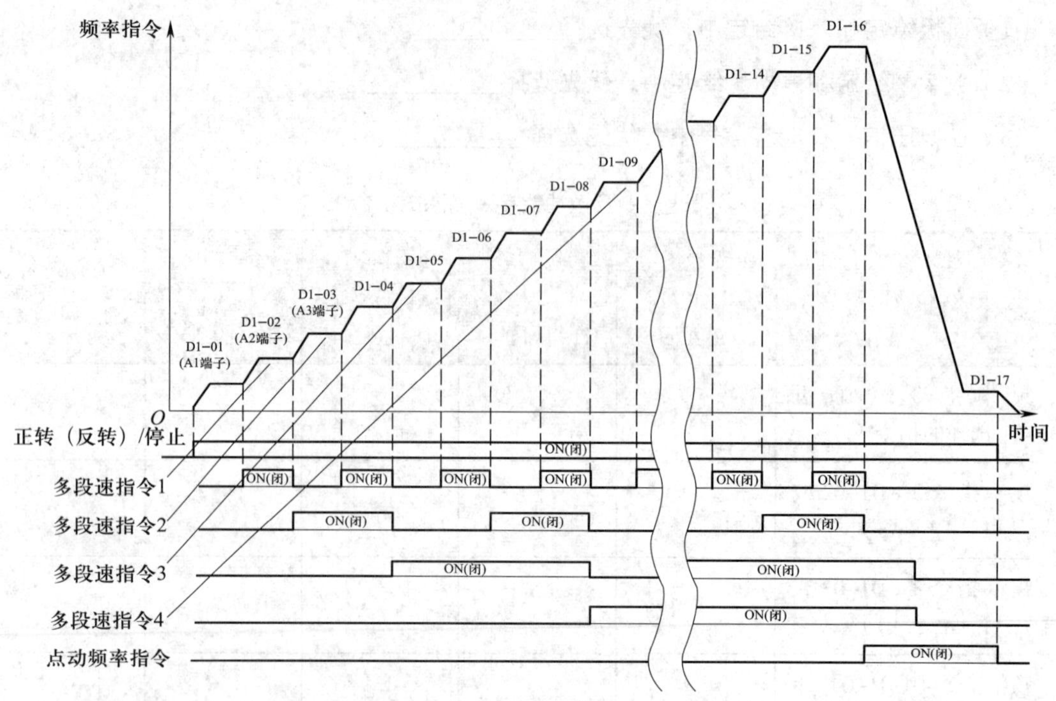


多段速指令/点动频率选择的时序图

安川 A1000 变频器有 S1 ~ S8 共 8 个端子，将要使用的功能设定给 H1-01 ~ H1-08。

S 端子的功能设定表

| No. | 名称 | 设定范围 | 出厂设定 |
|---|---|---|---|
| H1-01 | 端子 S1 的功能选择 | 1 ~ 9F | |
| H1-02 | 端子 S2 的功能选择 | 1 ~ 9F | |
| H1-03 | 端子 S3 的功能选择 | 0 ~ 9F | 24 |
| H1-04 | 端子 S4 的功能选择 | 0 ~ 9F | 14 |
| H1-05 | 端子 S5 的功能选择 | 0 ~ 9F | |
| H1-06 | 端子 S6 的功能选择 | 0 ~ 9F | |
| H1-07 | 端子 S7 的功能选择 | 0 ~ 9F | |
| H1-08 | 端子 S8 的功能选择 | 0 ~ 9F | 8 |

多功能接点输入的设定值表

| 设定值 | 功能 | 设定值 | 功能 |
|---|---|---|---|
| 3 | 多段速指令 1 | 14 | 故障复位 |
| 4 | 多段速指令 2 | 24 | 外部故障 |
| 5 | 多段速指令 3 | 32 | 多段速指令 4 |
| 6 | 点动（JOG）频率选择 | 40 | 正转运行指令（2 线制顺控） |
| 8 | 基极封锁指令（常开接点） | 41 | 反转运行指令（2 线制顺控） |

2．绘制变频器控制端子多段速调速操作接线图

变频器控制端子多段速调速操作接线图

3．变频器控制端子多段速调速参数设置

变频器控制端子多段速调速参数设置

| 参数名称 | 设定值 | 参数名称 | 设定值 |
| --- | --- | --- | --- |
| | | | |
| | | | |
| | | | |
| | | | |
| | | | |
| | | | |
| | | | |
| | | | |
| | | | |

4．变频器控制端子多段速调速操作实施

变频器控制端子多段速调速操作实施

| 工作项目 | 工作内容 | 图示与记录 | 评分标准 | 配分（分） | 得分 |
| --- | --- | --- | --- | --- | --- |
| 1．控制端子多段速调速接线及通电 | 按接线图接线和通电 | — | 每错一处扣5分 | 30 | |
| 2．变频器初始化 | 设定初始化参数 | 列出变频器初始化参数及设定值： | 每错一处扣5分 | 10 | |
| 3．设定变频器参数 | 设定变频器基本参数 | 列出变频器基本参数及设定值： | 每错一处扣5分 | 20 | |

续表

| 工作项目 | 工作内容 | 图示与记录 | 评分标准 | 配分（分） | 得分 |
| --- | --- | --- | --- | --- | --- |
| 4. 控制端子多段速调速控制电机运行操作 | 完成电机正转启动、停止操作；用多功能信号端子完成调速操作 |  | 每错一处扣5分 | 40 |  |
| 合计：　　分 | | | | | |

## 六、变频器控制参数设置

完成变频器的安装、变频器 PU 控制、变频器外部端子控制、变频器模拟量输入端子调速、变频器控制端子多段速调速等一系列调试工作，确保变频器各项功能符合电梯控制要求后，进行电梯变频器参数设置，以便进行后续的电梯整机慢车、快车运行调试工作。

# 学习活动4　工作总结与评价

## 学习目标

1. 能按分组情况，派代表展示工作成果，说明本次任务的完成情况，并做分析总结。

2. 能结合任务完成情况，正确规范地撰写工作总结。

3. 能就本次任务中出现的问题提出改进措施。

4. 能对学习与工作进行反思，并能与他人开展良好合作，进行有效沟通。

建议学时　6学时

## 学习过程

### 一、个人、小组评价

以小组为单位，选择演示文稿、展板、海报、视频等形式中的一种或几种，向全班展示、汇报检修成果。在展示的过程中，以小组为单位进行评价；评价完成后，根据其他小组对本组展示成果的评价意见进行归纳总结。

汇报思路设计：

其他小组成员的评价意见：

## 二、教师评价

认真听取教师对本小组展示成果优缺点以及在完成任务过程中出现的亮点和不足的评价意见，并做好记录。

1．教师对本小组展示成果优点的点评。

2．教师对本小组展示成果缺点及改进方法的点评。

3．教师对本小组在整个任务完成过程中出现的亮点和不足的点评。

## 三、工作过程回顾及总结

1．在团队学习过程中，项目负责人给你分配了哪些工作任务？你是如何完成的？还有哪些需要改进的地方？

2．总结在完成电梯变频器烧毁故障检修任务过程中遇到的问题和困难，列举 2 ～ 3 点你认为比较值得和其他同学分享的工作经验。

3．回顾本学习任务的工作过程，对新学专业知识和技能进行归纳和整理，撰写工作总结。

| |
|---|
| |

## 评价与分析

按照客观、公正和公平原则，在教师的指导下按自我评价、小组评价和教师评价三种方式对自己或他人在本学习任务中的表现进行综合评价。综合等级按：A（90 ~ 100）、B（75 ~ 89）、C（60 ~ 74）、D（0 ~ 59）四个级别进行填写。

学习任务综合评价表

<table>
<tr><th rowspan="2">考核项目</th><th rowspan="2">评价内容</th><th rowspan="2">配分（分）</th><th colspan="3">评价分数</th></tr>
<tr><th>自我评价</th><th>小组评价</th><th>教师评价</th></tr>
<tr><td rowspan="6">职业素养</td><td>劳动保护用品穿戴完备，仪容仪表符合工作要求</td><td>5</td><td></td><td></td><td></td></tr>
<tr><td>安全意识、责任意识强</td><td>6</td><td></td><td></td><td></td></tr>
<tr><td>积极参加教学活动，按时完成各项学习任务</td><td>6</td><td></td><td></td><td></td></tr>
<tr><td>团队合作意识强，善于与人交流和沟通</td><td>6</td><td></td><td></td><td></td></tr>
<tr><td>自觉遵守劳动纪律，尊敬师长，团结同学</td><td>6</td><td></td><td></td><td></td></tr>
<tr><td>爱护公物，节约材料，管理现场符合 6S 标准</td><td>6</td><td></td><td></td><td></td></tr>
<tr><td rowspan="3">专业能力</td><td>专业知识扎实，有较强的自学能力</td><td>10</td><td></td><td></td><td></td></tr>
<tr><td>操作积极，训练刻苦，具有一定的动手能力</td><td>15</td><td></td><td></td><td></td></tr>
<tr><td>技能操作规范，遵循检修工艺，工作效率高</td><td>10</td><td></td><td></td><td></td></tr>
<tr><td rowspan="2">工作成果</td><td>故障检修符合工艺规范，质量高</td><td>20</td><td></td><td></td><td></td></tr>
<tr><td>工作总结符合要求</td><td>10</td><td></td><td></td><td></td></tr>
<tr><td colspan="2">总分</td><td>100</td><td></td><td></td><td></td></tr>
<tr><td rowspan="2">总评</td><td rowspan="2">自我评价 ×20%+ 小组评价 ×20%+ 教师评价 ×60%=</td><td>综合等级</td><td colspan="3" rowspan="2">教师（签名）：</td></tr>
<tr><td></td></tr>
</table>

# 学习任务二　电梯 PLC 烧毁故障检修

1. 能根据电梯 PLC 大修任务单，明确工作目标、内容与要求。

2. 熟悉电梯电气控制系统的基本知识，能分析 PLC 的常见故障。

3. 能根据电梯 PLC 大修任务单，制订大修方案，并合理进行人员分工。

4. 能根据电梯 PLC 大修方案，领取相关工具、材料和仪器，并检查其好坏。

5. 能根据电梯 PLC 大修方案，按步骤实施大修任务，包括 PLC 的安装，PLC、变频器组合控制电梯上下行，PLC、变频器组合控制电梯多段速运行等。

6. 能主动获取有效信息，展示工作成果，对学习与工作进行总结反思，并能与他人开展良好合作，进行有效沟通。

54 学时

某小区一部 30 层 /30 站、速度为 1.75 m/s、载重 1 000 kg GVF 型号的电梯发生停梯故障，电梯维修作业人员经现场检查，发现主控制器（PLC）电源灯不亮，打开 PLC 外罩发现电路板有烧焦痕迹，向维保主管汇报，经维保公司与物业公司协商，该电梯已运行十多年，主控制器部件整体老化，维修价值不大，决定对该电梯进行一次大修，更换新的主控制器，工期为 2 天，完成后交付验收。

## 工作流程与活动

学习活动 1　明确电梯 PLC 大修任务（4 学时）

学习活动 2　制订电梯 PLC 大修方案（2 学时）

学习活动 3　实施电梯 PLC 大修作业（42 学时）

学习活动 4　工作总结与评价（6 学时）

# 学习活动1　明确电梯PLC大修任务

## 学习目标

1. 能正确填写电梯PLC大修任务单，明确工作目标、内容与要求。

2. 熟悉电梯电气控制系统。

3. 能进行PLC常见故障的分析。

建议学时　4学时

## 学习过程

### 一、填写电梯PLC大修任务单

电梯维修作业人员从维保主管处领取电梯PLC大修任务单，勘查现场，并与电梯使用单位沟通，获取电梯及其主控制器的基本参数，了解故障情况。

电梯PLC大修任务单

类别：□主控制系统　□变频拖动系统　□曳引系统　□导向系统　□门系统

日期：　年　月　日

| 用户名称 | | | |
|---|---|---|---|
| 用户地址 | | | |
| 故障现象 | | | |
| 申报时间 | | 完工时间 | |
| 申报单位 | | 大修单位 | |
| 电梯型号 | | 生产厂家 | |
| 控制方式 | | 载重 | |

续表

| 速度 | | 层站 | |
|---|---|---|---|
| 主控制器型号 | | 变频器型号 | |
| 大修人员姓名 | | 大修人员工号 | |
| 故障分析 | | | |
| 大修意见 | | | |
| 验收意见 | | 验收人 | |

## 二、认识电梯电气控制系统

依据大修任务单，进行现场勘查，查阅电梯厂家随机资料、电梯安装维护说明书等，了解需大修电梯的电气控制系统，填写电梯电气控制系统认识表。

电梯电气控制系统认识表

| 1. 电梯电气控制系统的组成及作用<br>电梯电气控制系统是电梯的两大系统之一。电气控制系统由________、操纵箱、指层灯箱、召唤箱、________、________、轿顶检修箱等十几个部件，以及开关门电动机及开关门调速装置、________和________等几十个分散安装在电梯井道内外和各相关电梯部件中的电气元件构成。<br>电气控制系统决定着电梯的性能、自动化程度和运行可靠性。当一台电梯的类别、________和________确定后，机械系统各零部件就基本确定了，而电气控制系统则有比较大的发展空间。国产电梯的中间逻辑控制方面已基本淘汰了全继电器控制，采用________和________控制。 |
|---|
| 2. 电梯电气控制系统的功能<br>电梯电气控制系统可供用户选择的功能有哪些？ |

续表

<table>
<tr><td colspan="2">3．识别并圈出图中的主控制器</td></tr>
<tr><td>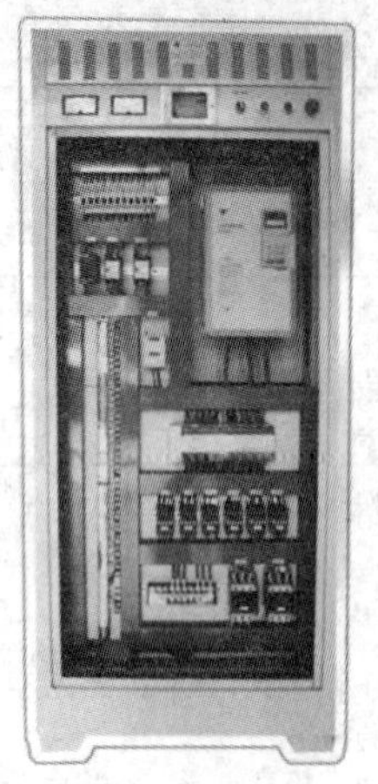<br>________控制</td><td><br>________控制</td></tr>
<tr><td colspan="2">4．PLC 的产生与发展<br>可编程序控制器（PLC）是在________技术和________技术的基础上开发出来，以________和________方式控制机器动作的控制器，并逐渐发展成为以微处理器为核心，将自动化技术、计算机技术、通信技术融为一体的新型工业控制装置。<br>可编程序控制器（Programmable Controller）缩写为 PC，为了与个人计算机（Personal Computer）相区别，在 PC 中人为地增加了 L（Logical）而写成 PLC。<br>世界上第一台可编程序控制器于________年由美国数字设备公司（DEC）制成，并投入通用汽车公司（GM）的生产线控制中，从此开创了可编程序控制器的新纪元。<br>PLC 按 I/O 点数可分为 3 类：小型机（I/O 点数在________以下，用户程序存储器容量为 4 kB 左右）、中型机（I/O 点数在________以下，用户程序存储器容量为 8 kB 左右）和大型机（I/O 点数在________以上，用户程序存储器容量为 16 kB 以上）。</td></tr>
<tr><td colspan="2">5．认识常见的 PLC<br>PLC 的生产厂家主要分为欧、日、美三大块。欧洲的代表是西门子、施耐德，日本的代表是三菱、欧姆龙、日立、松下，美国的代表是 ABB、GE。<br>（1）三菱 PLC 产品</td></tr>
<tr><td>系列</td><td>说明</td></tr>
<tr><td>Q 系列</td><td rowspan="2">模块式大型 PLC，单机最大 I/O 容量为 8 000 点</td></tr>
<tr><td>L 系列</td></tr>
<tr><td>FX 系列</td><td>小型 PLC，单元式，单机最大容量为________点</td></tr>
<tr><td colspan="2">（2）西门子 PLC 产品</td></tr>
<tr><td>系列</td><td>说明</td></tr>
<tr><td>S7-1200</td><td>微型 PLC，单机最大容量为 256 点</td></tr>
<tr><td>S7-300</td><td>中型 PLC，单机最大容量为________点</td></tr>
<tr><td>S7-400</td><td>大型 PLC，单机可组态点数过万点</td></tr>
</table>

续表

6. 三菱 $FX_{3U}$ 系列 PLC 型号解读

三菱 FX 系列 PLC 包括 $FX_{1S}$、$FX_{1N}$、$FX_{2N}$、$FX_{3U}$ 四种基本类型，目前应用较多的是 $FX_{3U}$。

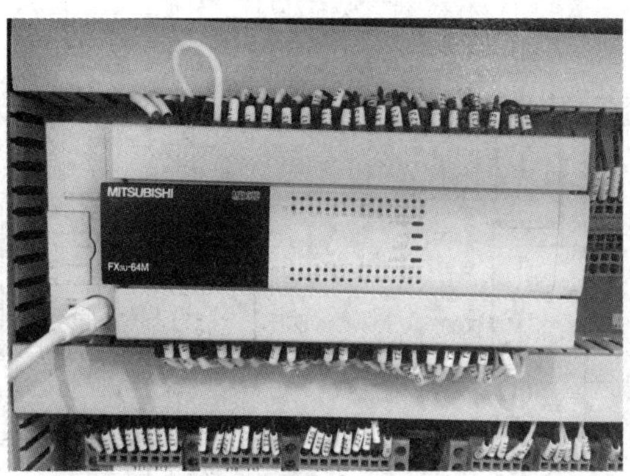


$FX_{3U}$ 系列 PLC

型号解读：

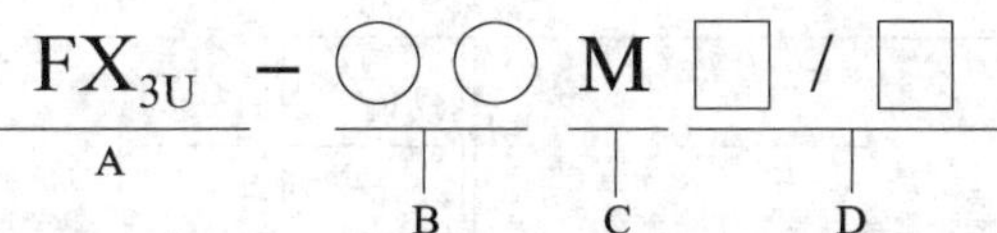


| 代号 | 含义 | 代号 | 含义 |
|---|---|---|---|
| A | | C | M：______<br>E：I/O 混合扩展单元或扩展模块<br>EX：输入专用扩展模块<br>EY：输出专用扩展模块 |
| B | | D | 输入 / 输出方式：<br>R/ES：______<br>T/ES：DC 24V（漏型 / 源型）输入 / 晶体管（漏型）输出<br>T/ESS：DC 24V（漏型 / 源型）输入 / 晶体管（源型）输出 |

$FX_{3U}$–48MR/ES：

$FX_{3U}$–64MT/ES：

续表

7．三菱 $FX_{3U}$ 系列 PLC 的外部结构

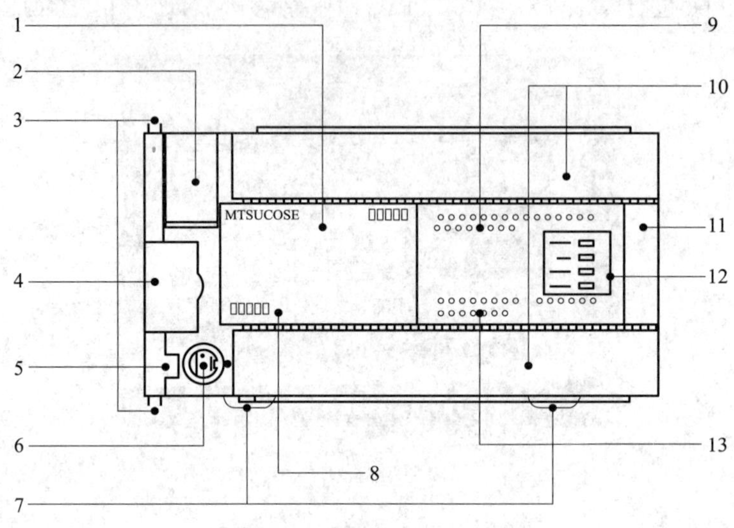


三菱 $FX_{3U}$ 系列 PLC 的外部结构

| 序号 | 名称 | 序号 | 名称 |
|---|---|---|---|
| 1 | 上盖板 | 8 | |
| 2 | 电池盖板 | 9 | |
| 3 | 连接特殊适配器用的卡扣 | 10 | 端子排盖板 |
| 4 | 功能扩展板部分的空盖板 | 11 | 连接扩展设备用的连接器盖板 |
| 5 | | 12 | |
| 6 | | 13 | |
| 7 | 安装 DIN 导轨用的卡扣 | | |

8．获取故障 PLC 的参数

下图为故障 PLC 的铭牌，根据铭牌获取 PLC 的品牌、型号及参数。

故障 PLC 的铭牌

续表

| 项目 | 品牌、型号及参数 |
|---|---|
| 变频器品牌 | |
| 变频器型号 | |
| 输入 / 输出点数合计 | |
| 输出方式 | |
| 输入电压额定值 | |
| 额定功率 | |

## 三、PLC 常见故障

PLC 常见故障分析

| 1．PLC 的常见故障<br>PLC 一般具有比较完善的________隔离或________隔离，并设计有良好的自诊断程序。<br>PLC 常见的故障有哪些？ |
|---|
| 2．PLC 本体烧毁故障<br><br>PLC 内部电路板<br>严重的故障有可能会损坏 PLC 本身电路部分，此时就要将 PLC 返回厂家维修，或________________________________。 |

# 学习活动 2　制订电梯 PLC 大修方案

## 学习目标

1. 熟悉 PLC 的特点及技术指标。
2. 能制订电梯 PLC 大修方案。
3. 能检测电梯 PLC 大修常用工具、材料和仪器的好坏。

建议学时　2 学时

## 学习过程

### 一、PLC 的特点及技术指标

PLC 的特点及技术指标认识表

| 1．简述 PLC 的特点。 |
| --- |
| 2．PLC 的应用领域有哪些？ |

续表

3．认识 $FX_{3U}$ 的技术指标。

$FX_{3U}$ 一般的技术指标包括________指标、________指标和________指标。

（1）基本技术指标

| 项目 | | 指标 |
|---|---|---|
| 运算控制方式 | | 存储程序，反复运算 |
| I/O 控制方式 | | 批处理方式（在执行 END 指令时），可以使用 I/O 刷新指令 |
| 运算处理速度 | 基本指令 | ________/ 指令 |
| | 应用指令 | 0.642 μs/ 指令 ~ 数百 μs/ 指令 |
| 程序语言 | | 梯形图和指令表 |
| 程序容量（EEPROM） | | ________步 |
| 指令数量 | 基本指令 | 29 条 |
| | 步进指令 | 2 条 |
| | 应用指令 | 209 条 |
| I/O 设置 | | 256 点，远程 I/O 256 点，最多 384 点 |

（2）输入技术指标

| 项目 | 输入端子 X0 ~ X7 | 其他输入端子 |
|---|---|---|
| 输入信号电压 | DC（1 ± 10%）× ________V | |
| 输入信号电流 | DC 24V，________mA | DC 24V，________mA |
| 输入开关电流 OFF–ON | >4.5 mA | >3.5 mA |
| 输入开关电流 ON–OFF | <1.5 mA | |
| 输入响应时间 | ________ | |
| 输入信号形式 | 无电压触点，NPN 开集电极型晶体管 | |
| 输入状态显示 | 输入为 ON 时 LED 灯亮 | |

（3）输出技术指标

| 项目 | | 继电器输出 | 晶体管输出 |
|---|---|---|---|
| 外部电源 | | 最大 AC________V 或 DC________V | DC 5 ~ 30 V |
| 最大负载 | 电阻负载 | ____A/ 点，______A/COM | 0.5 A/ 点，0.8 A/COM |
| | 感性负载 | 80 V · A，AC 120/240 V | 12 W，DC 24 V |
| | 灯负载 | 100 W | 1.5 W，DC 24 V |

续表

| 项目 | | 继电器输出 | 晶体管输出 |
|---|---|---|---|
| 最小负载 | | 电压小于 DC 5 V 时，2 mA | — |
| 响应时间 | OFF-ON | ________ms | <0.2 ms；小于 5 μs（仅 Y0，Y1） |
| | ON-OFF | ________ms | <0.2 ms；小于 5 μs（仅 Y0，Y1） |
| 电路隔离 | | ____________ | 光电耦合器隔离 |
| 输出动作显示 | | 线圈通电时 LED 灯亮 | |

## 二、制订大修方案

根据电梯 PLC 大修的要求，制订电梯 PLC 大修方案。

电梯 PLC 大修方案表

| 1. 电梯型号 | |
|---|---|
| 2. PLC 型号 | |
| 3. 所需的工具、材料和仪器 | |
| 4. 大修流程 | |

5. 人员分工

| 序号 | 工作内容 | 负责人 | 计划完成时间 | 备注 |
|---|---|---|---|---|
| 1 | | | | |
| 2 | | | | |
| 3 | | | | |
| 4 | | | | |
| 5 | | | | |

## 三、领取并检查工具、材料和仪器

领取相关物料（工具、材料和仪器），了解相关工具和仪器的使用方法，检查工具、材料和仪器的好坏。

工具、材料和仪器清单

| 序号 | 物料名称 | 数量 | 检查内容 | 检查合格打“√” | 问题记录 |
| --- | --- | --- | --- | --- | --- |
| 1 | 安全帽 | 1 | 外观是否有裂纹、碰伤、凹凸不平、磨损；帽衬是否完整，帽衬的结构是否处于正常状态 | □ | |
| 2 | 工作服 | 1 | 拉链是否完整、使用正常，纽扣是否完整、使用正常 | □ | |
| 3 | 安全鞋 | 1 | 钢头是否压扁或有冲击现象；上皮革是否破损、有裂痕，接缝是否有开裂、线脱落，鞋底是否磨损、龟裂、老化，鞋带、鞋眼是否正常，鞋内底是否破损 | □ | |
| 4 | 验电笔 | 1 | 笔里是否有安全电阻，笔有无损坏，笔有无受潮或进水 | □ | |
| 5 | 钳形电流表 | 1 | 外观是否完好，钳口有无锈蚀，钳口运行是否灵活，电池电量是否充足 | □ | |
| 6 | 万用表 | 1 | 外观是否完好，电阻挡是否正常，直流电压挡是否正常，交流电压挡是否正常，零配件是否齐全，电池电量是否充足 | □ | |
| 7 | 兆欧表 | 1 | 外观是否完好，零配件是否齐全，开路试验是否正常，短路试验是否正常 | □ | |
| 8 | 剥线钳 | 1 | 把手胶柄是否完好，本体有无破损、变形，钳口动作是否灵活 | □ | |
| 9 | 电工胶布 | 若干 | 质量是否合格 | □ | |
| 10 | 十字旋具 | 1 | 外观是否完好，刀头部分有无损坏 | □ | |
| 11 | 一字旋具 | 1 | 外观是否完好，刀头部分有无损坏 | □ | |
| 12 | 三菱 $FX_{3U}$ 型号 PLC | 1 | 领用新 PLC，检查外观是否完好 | □ | |

# 学习活动3　实施电梯PLC大修作业

## 学习目标

1. 能进行PLC的安装操作。
2. 能进行PLC、变频器组合控制电梯上下行操作。
3. 能进行PLC、变频器组合控制电梯多段速运行操作。

建议学时　42学时

## 学习过程

根据大修方案，按步骤实施大修任务，包括PLC的安装，PLC、变频器组合控制电梯上下行，PLC、变频器组合控制电梯多段速运行等。

### 一、PLC的安装

1．PLC的外部结构

PLC外部结构认识表

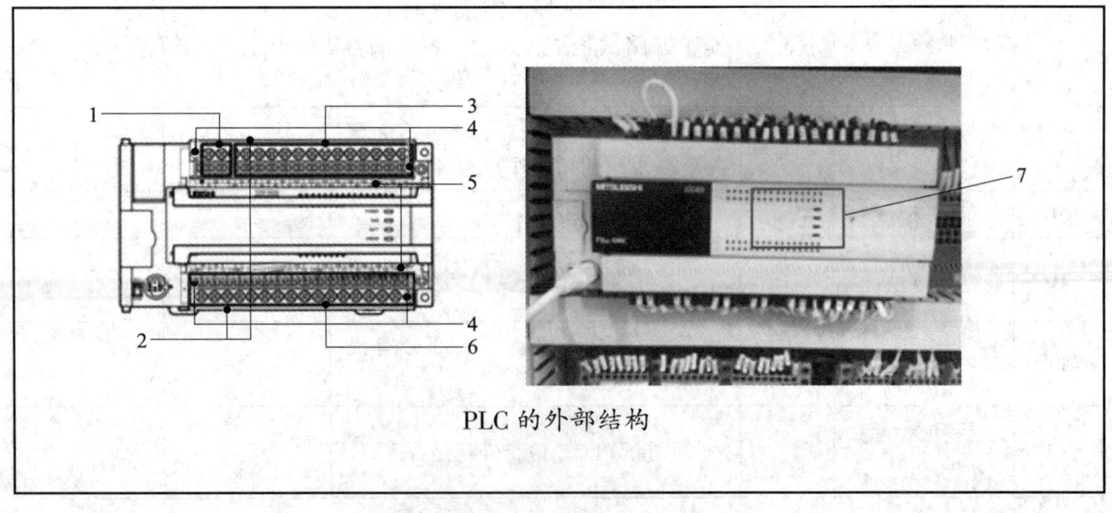


PLC的外部结构

续表

<table>
<tr><th>序号</th><th>名称</th><th>序号</th><th>名称</th></tr>
<tr><td>1</td><td></td><td>4</td><td>拆装端子排用螺钉</td></tr>
<tr><td>2</td><td>保护用端子排盖板</td><td>5</td><td></td></tr>
<tr><td>3</td><td></td><td>6</td><td></td></tr>
<tr><td>7</td><td colspan="3">显示运行状态的 LED
<table>
<tr><th>LED 名称</th><th>显示颜色</th><th>内容</th></tr>
<tr><td>POWER</td><td>绿色</td><td>______状态下灯亮</td></tr>
<tr><td>RUN</td><td>绿色</td><td>______时灯亮</td></tr>
<tr><td>BATT</td><td>红色</td><td>______时灯亮</td></tr>
<tr><td rowspan="2">ERROR</td><td>红色</td><td>程序出错时______</td></tr>
<tr><td>红色</td><td>CPU 出错时______</td></tr>
</table>
</td></tr>
</table>

2．PLC 的安装环境要求

PLC 的安装环境要求

1．环境温度

运行时：______℃；保管时：______℃。

2．湿度

______RH 以下，避免 PLC______。

3．环境要求

（1）安装在______使用。

（2）控制线不能与主电路或动力线捆在一起接线，或是靠近，否则噪声会引起误动作。一般要求距离______以上。

（3）连接外围设备的连接线不能受力，否则会产生断线等故障。

（4）勿在有灰尘、油烟、导电性粉尘、腐蚀性气体（海风、$Cl_2$、$H_2S$、$SO_2$、$NO_2$ 等）、可燃性气体的场所，暴露在高温、结露、风雨中的场所，有振动、冲击的场所使用。

（5）______，方可取下安装在 PLC 通风缝上的防尘标签。

4．耐振

DIN 导轨安装：57 ~ 150 Hz 时为 0.5 g（4.9 m/s$^2$）；直接安装：57 ~ 150 Hz 时为 1 g（9.8 m/s$^2$）。

3．PLC 的接线

PLC 的接线要求

<table>
<tr><td colspan="2">1．主电路</td></tr>
<tr><th>电源</th><th>PLC 的接线端子图</th></tr>
<tr><td>AC________V</td><td></td></tr>
<tr><td colspan="2">2．接地<br>（1）基本单元和扩展单元的接地端子使用________以上的导线进行接地（接地电阻________以下），勿与强电系统共用接地。<br>（2）判断下列接地连接是否正确（正确的打“√”，错误的打“×”）。<br>可编程序控制器　其他设备　（　　）<br>可编程序控制器　其他设备　（　　）<br>可编程序控制器　其他设备　（　　）</td></tr>
<tr><td colspan="2">3．DC 24V 输入电路</td></tr>
<tr><th>项目</th><th>说明</th></tr>
<tr><td>输入信号形式</td><td>无电压触点输入<br>漏型输入时：NPN 开集电极型晶体管<br>源型输入时：PNP 开集电极型晶体管</td></tr>
<tr><td>输入电路绝缘</td><td>________绝缘</td></tr>
</table>

续表

| | |
|---|---|
| 输入电路接线图 | 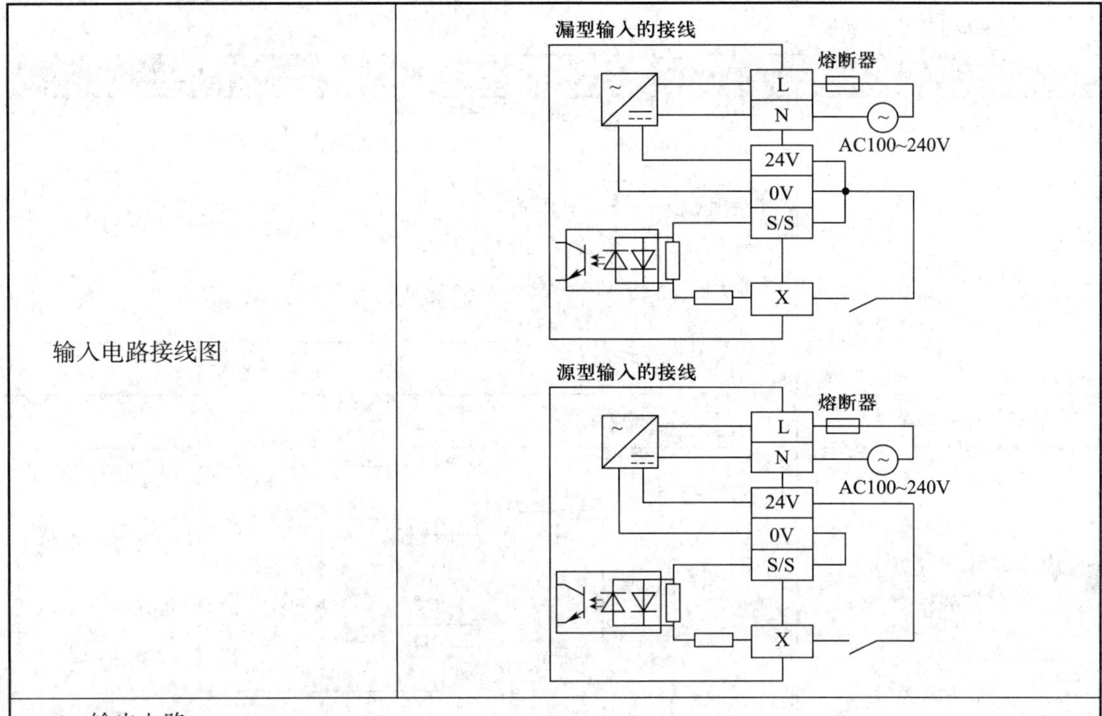 |

4．输出电路

（1）继电器输出

| 项目 | | 说明 |
|---|---|---|
| 外部电源 | | DC________V 以下，AC________V 以下 |
| 最大负载 | 电阻负载 | ________A/ 点<br>公共端的合计负载电流：<br>输出 1 点 /1 个公共端：2 A 以下<br>输出 4 点 /1 个公共端：8 A 以下<br>输出 8 点 /1 个公共端：8 A 以下 |
| | 感性负载 | 80 V · A |
| 最小负载 | | DC________V，________mA |
| 电路绝缘 | | ________绝缘 |
| 继电器输出电路接线图 | | 负载<br>Y<br>DC电源<br>+<br>COM□<br>熔断器<br>负载<br>Y<br>外部电源<br>COM□<br>熔断器 |

续表

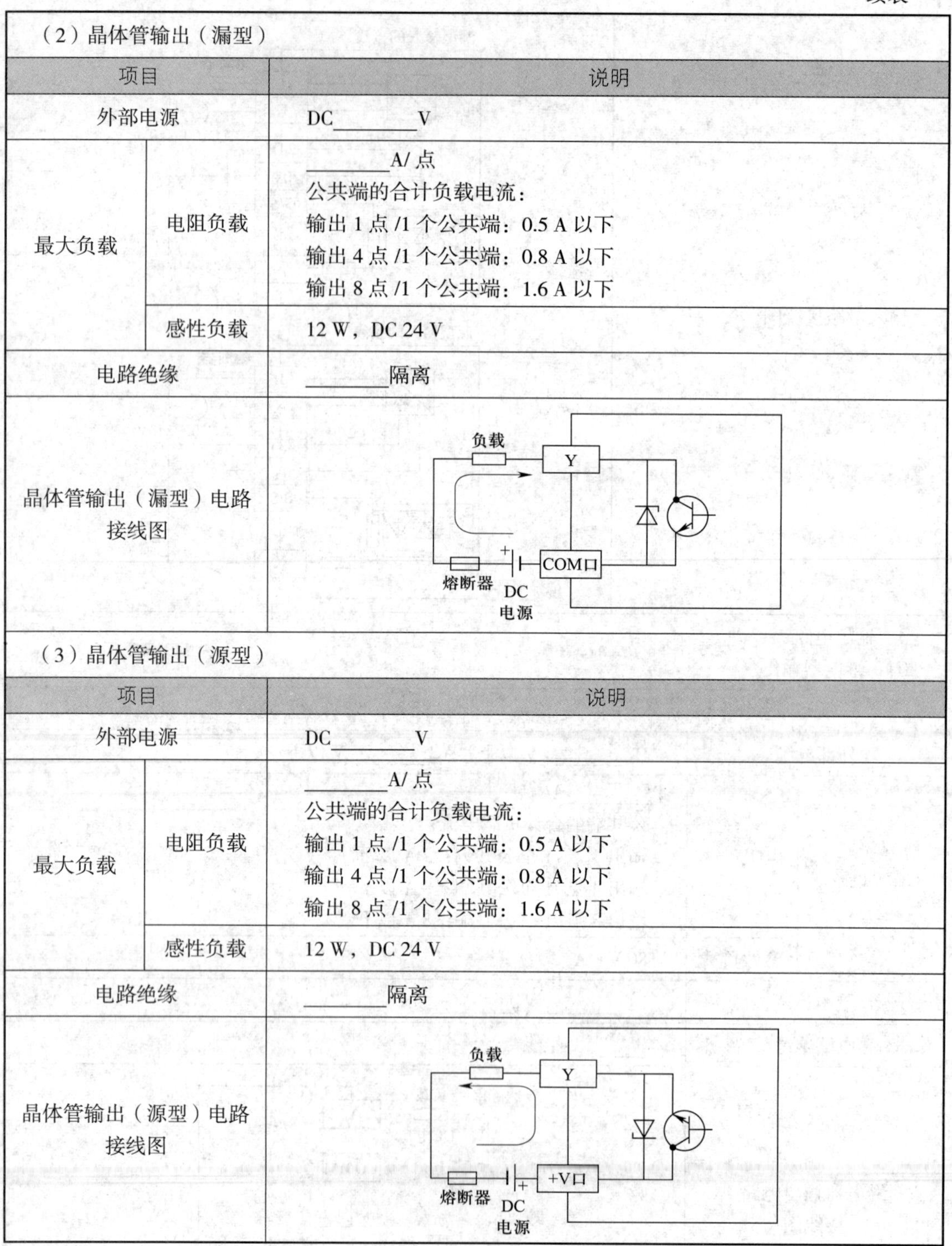


（2）晶体管输出（漏型）

| 项目 | | 说明 |
|---|---|---|
| 外部电源 | | DC______V |
| 最大负载 | 电阻负载 | ______A/ 点<br>公共端的合计负载电流：<br>输出 1 点 /1 个公共端：0.5 A 以下<br>输出 4 点 /1 个公共端：0.8 A 以下<br>输出 8 点 /1 个公共端：1.6 A 以下 |
| | 感性负载 | 12 W，DC 24 V |
| 电路绝缘 | | ______隔离 |
| 晶体管输出（漏型）电路接线图 | | |

（3）晶体管输出（源型）

| 项目 | | 说明 |
|---|---|---|
| 外部电源 | | DC______V |
| 最大负载 | 电阻负载 | ______A/ 点<br>公共端的合计负载电流：<br>输出 1 点 /1 个公共端：0.5 A 以下<br>输出 4 点 /1 个公共端：0.8 A 以下<br>输出 8 点 /1 个公共端：1.6 A 以下 |
| | 感性负载 | 12 W，DC 24 V |
| 电路绝缘 | | ______隔离 |
| 晶体管输出（源型）电路接线图 | | |

4．PLC 的安装操作实施

以 $FX_{3U}$-64MR/ES-A 为例。

PLC 的安装操作实施

<table>
<tr><th>工作项目</th><th>工作内容</th><th>图示</th><th>评分标准</th><th>配分（分）</th><th>得分</th></tr>
<tr><td rowspan="2">1. 安装位置检查</td><td>（1）未使用扩展延长电缆</td><td rowspan="2">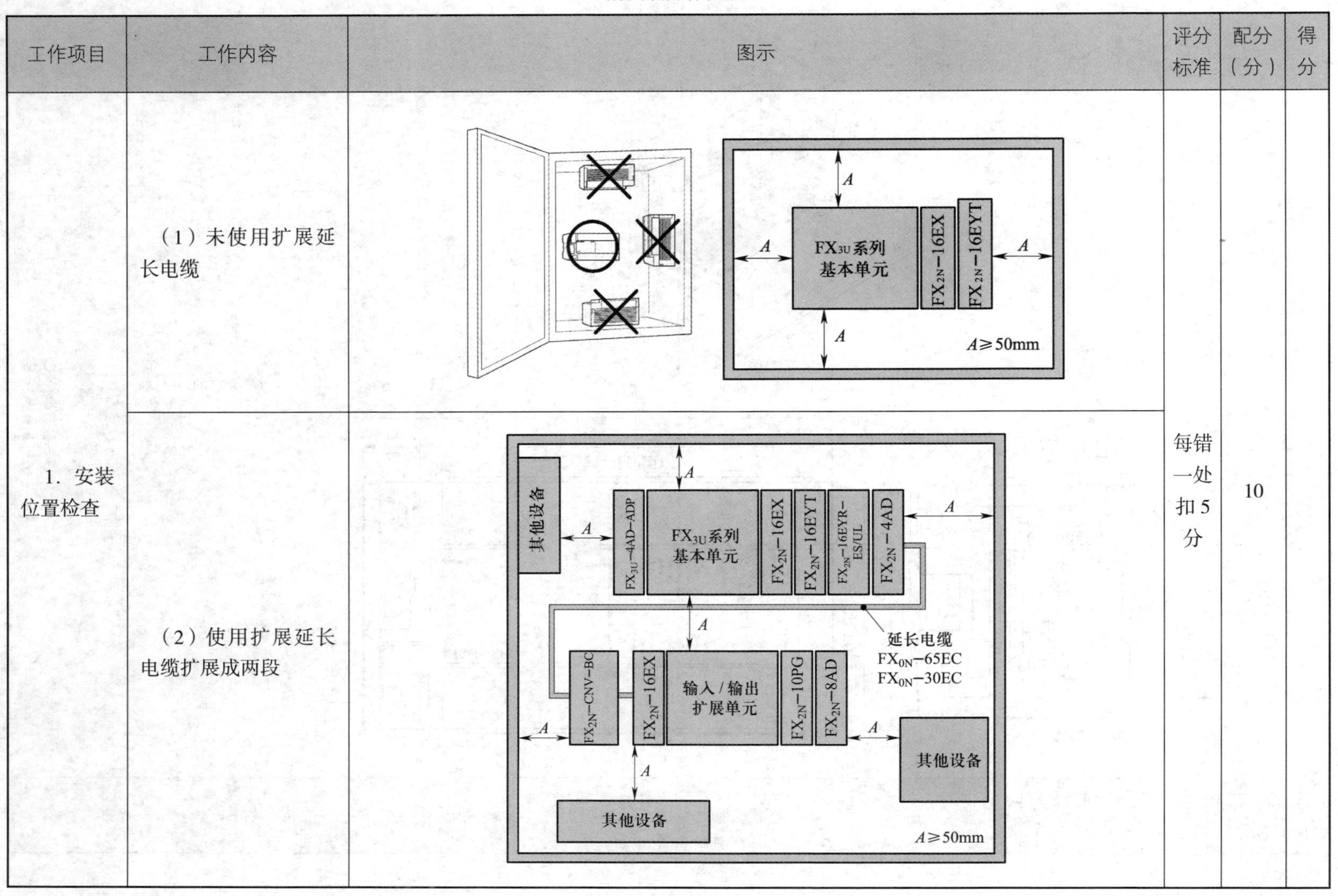
</td><td rowspan="2">每错一处扣 5 分</td><td rowspan="2">10</td><td rowspan="2"></td></tr>
<tr><td>（2）使用扩展延长电缆扩展成两段</td></tr>
</table>

续表

| 工作项目 | 工作内容 | 图示 | 评分标准 | 配分（分） | 得分 |
|---|---|---|---|---|---|
| 2. 安装PLC | （1）安装螺钉 | 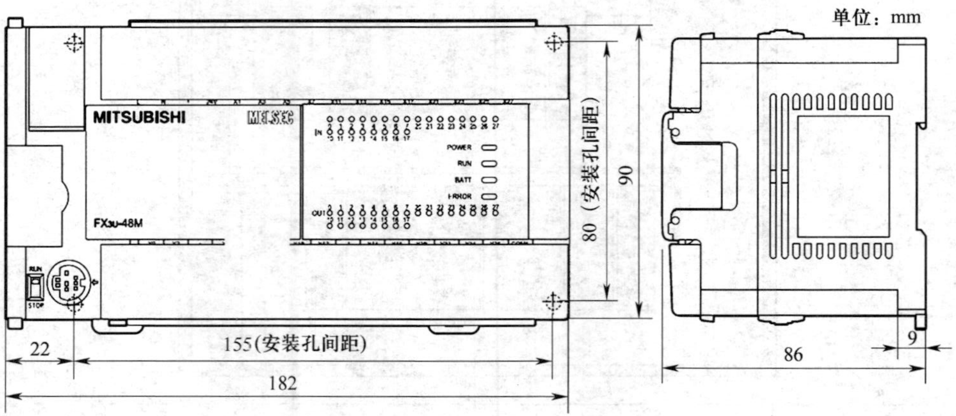 单位：mm<br>MITSUBISHI<br>MELSEC<br>FX3U-48M<br>POWER<br>RUN<br>BATT<br>ERROR<br>IN<br>OUT<br>RUN<br>STOP<br>22<br>155(安装孔间距)<br>182<br>80（安装孔间距）<br>90<br>86<br>9 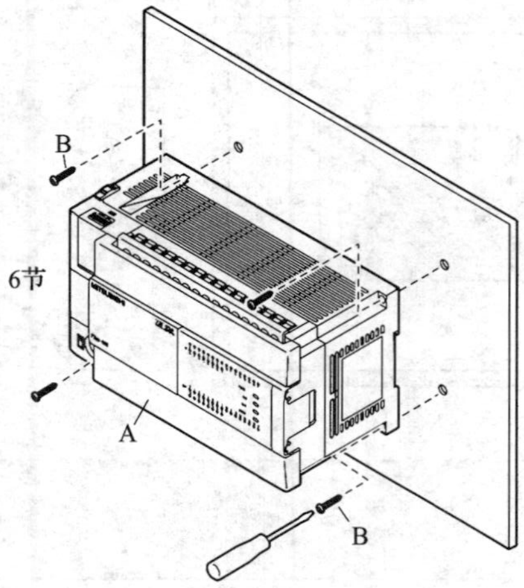 B<br>6节<br>A<br>B | 每错一处扣5分 | 40 | |

续表

| 工作项目 | 工作内容 | | 图示 | 评分标准 | 配分（分） | 得分 |
|---|---|---|---|---|---|---|
| 2. 安装PLC | （2）安装 DIN 导轨 | 1）推出所有 DIN 导轨安装用卡扣（A 处） | 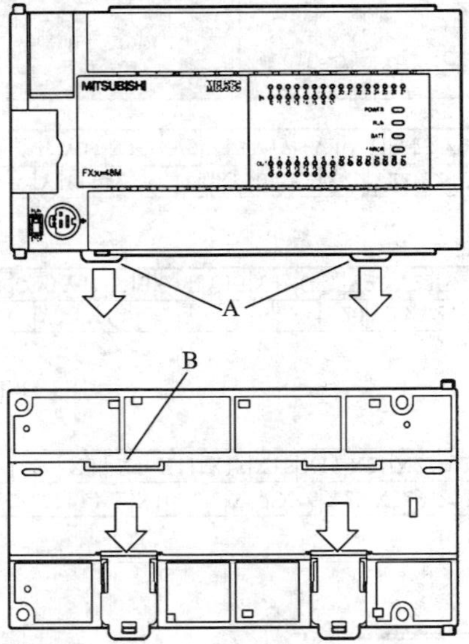 | 每错一处扣 5 分 | 40 | |
| | | 2）将 DIN 导轨安装槽的上侧（B 处对准 DIN 导轨后挂上） | 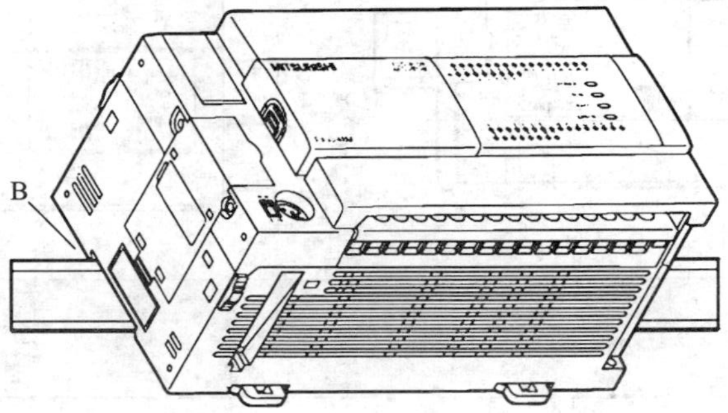 | | | |

续表

| 工作项目 | 工作内容 | | 图示 | 评分标准 | 配分（分） | 得分 |
|---|---|---|---|---|---|---|
| 2. 安装PLC | （2）安装DIN导轨 | 3）将PLC压到DIN导轨上，锁住DIN导轨安装用卡扣（C处） | 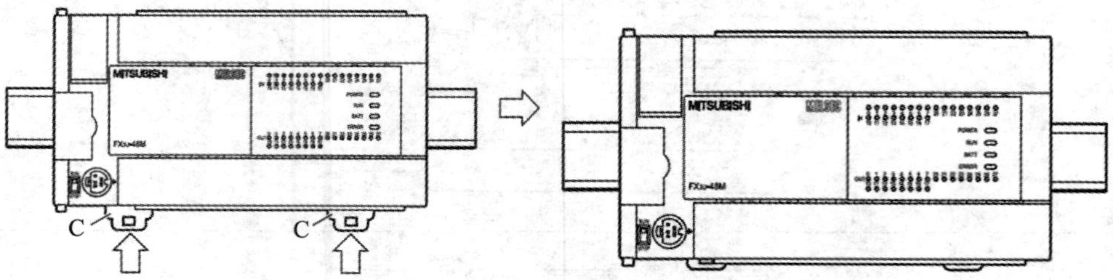 C C | 每错一处扣5分 | 40 | |
| 3. 识读端子排 | 识读PLC的接线端子 | | S/S 0V 0V X0 X2 X4 X6 X10 X12 X14 X16 X20 X22 X24 X26 X30 X32 X34 X36 ·<br>L N · 24V 24V X1 X3 X5 X7 X11 X13 X15 X17 X21 X23 X25 X27 X31 X33 X35 X37<br>$FX_{3U}$−64MR/ES，$FX_{3U}$−64MT/ES<br>Y0 Y2 · Y4 Y6 · Y10 Y12 · Y14 Y16 · Y20 Y22 Y24 Y26 Y30 Y32 Y34 Y36 COM6<br>COM1 Y1 Y3 COM2 Y5 Y7 COM3 Y11 Y13 COM4 Y15 Y17 COM5 Y21 Y23 Y25 Y27 Y31 Y33 Y35 Y37<br>$FX_{3U}$−64MT/ESS<br>Y0 Y2 · Y4 Y6 · Y10 Y12 · Y14 Y16 · Y20 Y22 Y24 Y26 Y30 Y32 Y34 Y36 +V5<br>+V0 Y1 Y3 +V1 Y5 Y7 +V2 Y11 Y13 +V3 Y15 Y17 +V4 Y21 Y23 Y25 Y27 Y31 Y33 Y35 Y37 | 每错一处扣5分 | 20 | |

| $FX_{3U}$−64MR/ES输出端子 | 对应的COM口 | $FX_{3U}$−64MR/ES输出端子 | 对应的COM口 |
|---|---|---|---|
| Y0 | | Y5 | |
| Y10 | | Y16 | |

续表

| 工作项目 | 工作内容 | | 图示 | 评分标准 | 配分（分） | 得分 |
|---|---|---|---|---|---|---|
| 4. 输入/输出接线 | （1）输入接线 | 1）漏型 | 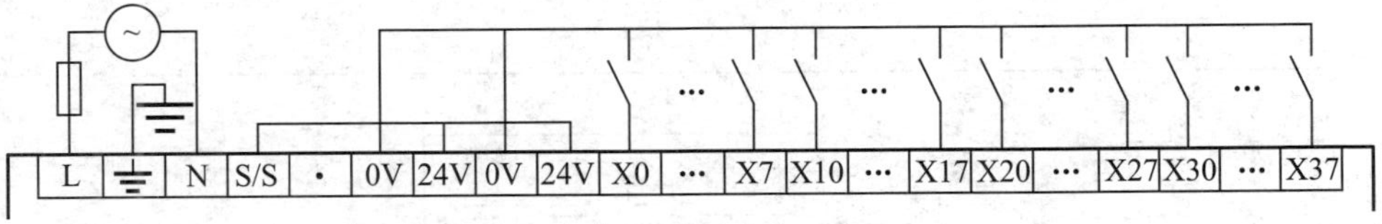 L ⏚ N S/S • 0V 24V 0V 24V X0 … X7 X10 … X17 X20 … X27 X30 … X37<br>0V和24V的端子在内部连接，即使外部不短接也可以使用 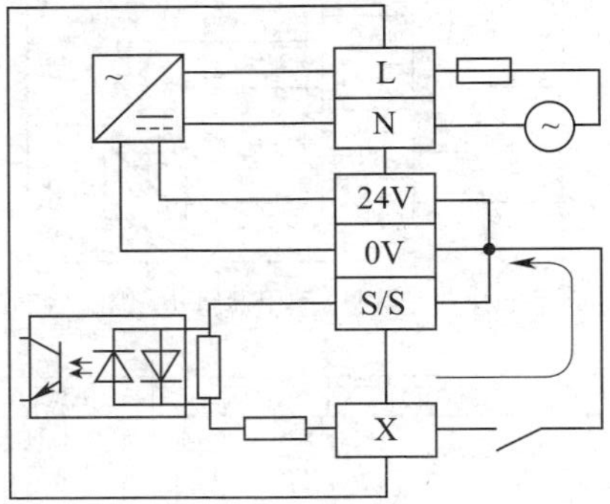<br>L N 24V 0V S/S X | 每错一处扣5分 | 30 | |

续表

<table>
<tr><th>工作项目</th><th colspan="2">工作内容</th><th>图示</th><th>评分标准</th><th>配分（分）</th><th>得分</th></tr>
<tr><td rowspan="2">4. 输入/输出接线</td><td>（1）输入接线</td><td>2）源型</td><td>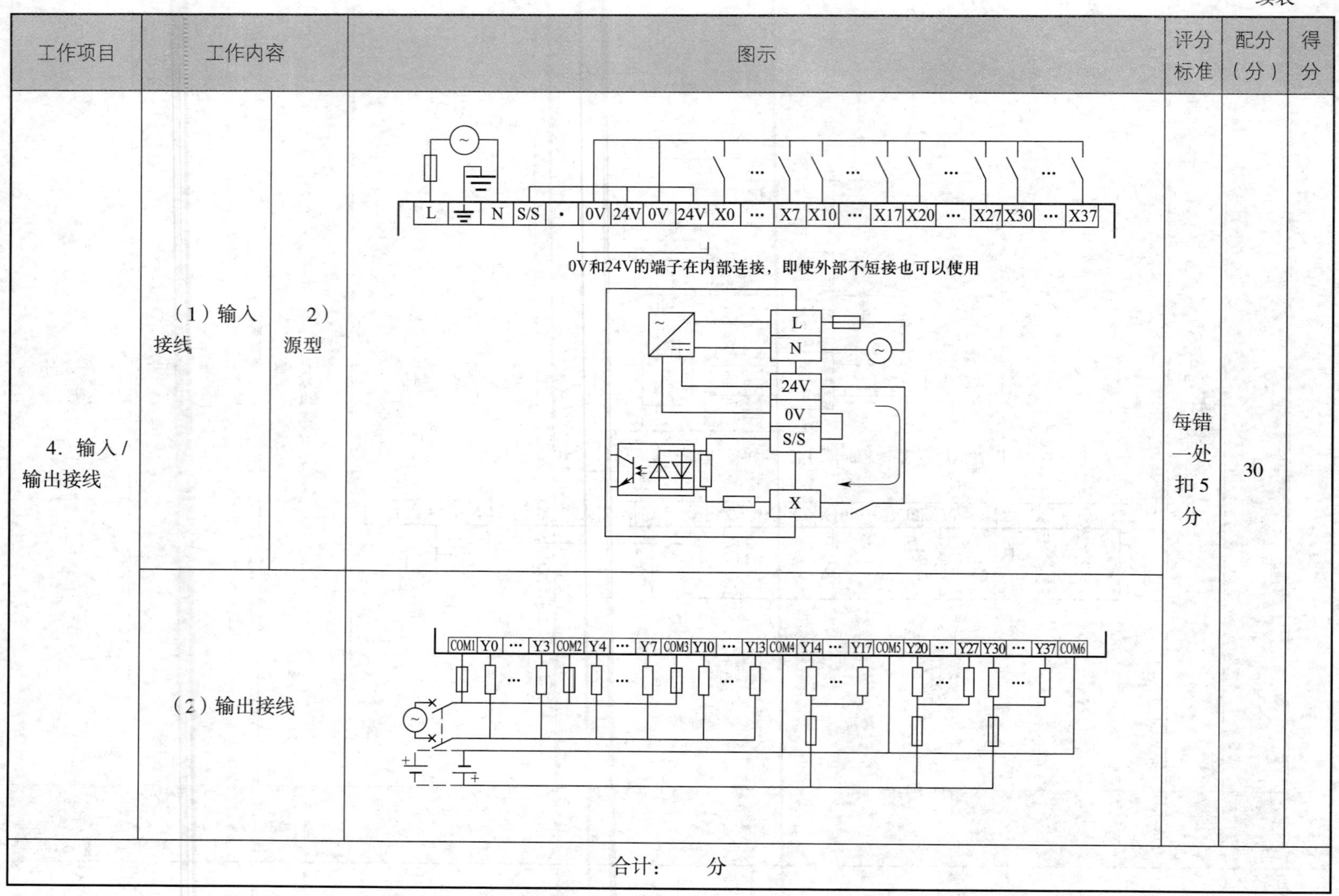
</td><td rowspan="2">每错一处扣5分</td><td rowspan="2">30</td><td rowspan="2"></td></tr>
<tr><td colspan="2">（2）输出接线</td><td></td></tr>
<tr><td colspan="7">合计：　　分</td></tr>
</table>

## 二、PLC、变频器组合控制电梯上下行

### 1．PLC 编程准备及通信

#### （1）认识 PLC 的内部结构

PLC 内部结构认识表

<table>
<tr><td colspan="2">1．PLC 的控制系统<br>PLC 是从电气控制演化而来的，实际上是利用专用的工业控制计算机实现________的功能，实现控制手段的柔性化。</td></tr>
<tr><th>控制系统</th><th>图示</th></tr>
<tr><td>电气柜控制系统</td><td>按钮、行程开关、各种传感器等 → 输入部分 → 控制线路（“硬”继电器、“硬”接线） → 输出部分 → 接触器、电磁阀、指示灯等<br>被控对象　（电机等）</td></tr>
<tr><td>PLC 控制系统</td><td>按钮、行程开关、各种传感器等 → 输入部分 → 控制程序（PLC、“软”继电器、“软”接线） → 输出部分 → 接触器、电磁阀、指示灯等<br>被控对象　（电机等）</td></tr>
<tr><td colspan="2">2．PLC 的基本组成<br>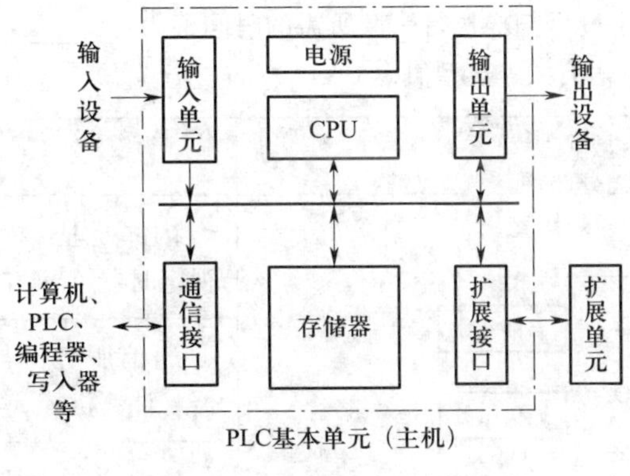<br><br>PLC 的组成结构图<br><br>PLC 主要由哪几部分组成？</td></tr>
</table>

续表

3．PLC 的工作原理

（1）电气控制的逻辑表达

PLC 本质上是计算机，其位元件是两态元件，即“0/1”两种状态，对其赋值相当于继电器线圈__________，即继电器触点“分 / 合”，可以看作__________。

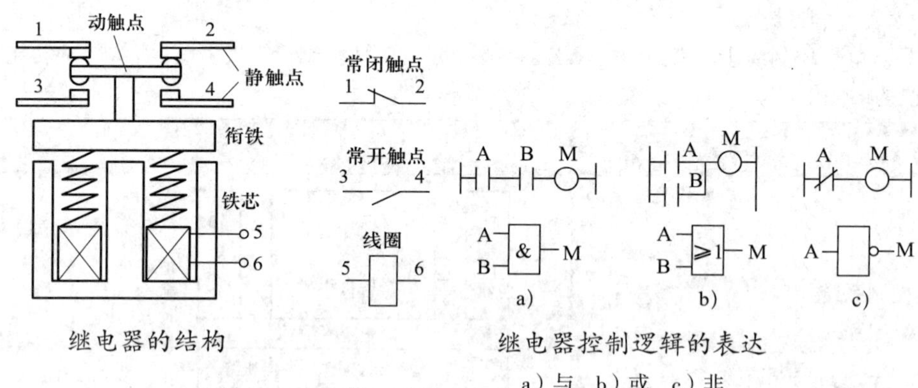


继电器的结构

继电器控制逻辑的表达

a）与 b）或 c）非

电气触点的闭合 / 断开，线圈的得电 / 失电，可用逻辑状态____________表示；线圈与常开触点可用逻辑原变量表达（常闭触点用反变量表达）；触点串联、并联控制线圈可用基本的__________、____________表达，这样电气控制线路完全可用逻辑代数进行分析。

（2）PLC 的运行过程

当 PLC 运行时，采用 CPU 分时________工作方式，扫描是从第一条程序开始，在无中断或跳转控制的情况下，按程序存储顺序的先后，逐条执行程序，直到程序结束，然后再从头开始扫描执行，并周而复始地重复进行。整个过程包括内部处理、通信服务、____________、____________、__________五个阶段。整个过程扫描执行一遍所需的时间称为__________，其与 CPU 的运行速度、PLC 硬件配置及用户程序长短有关，典型值为 1 ~ 100 ms。

| 图示 | 说明 |
|---|---|
| 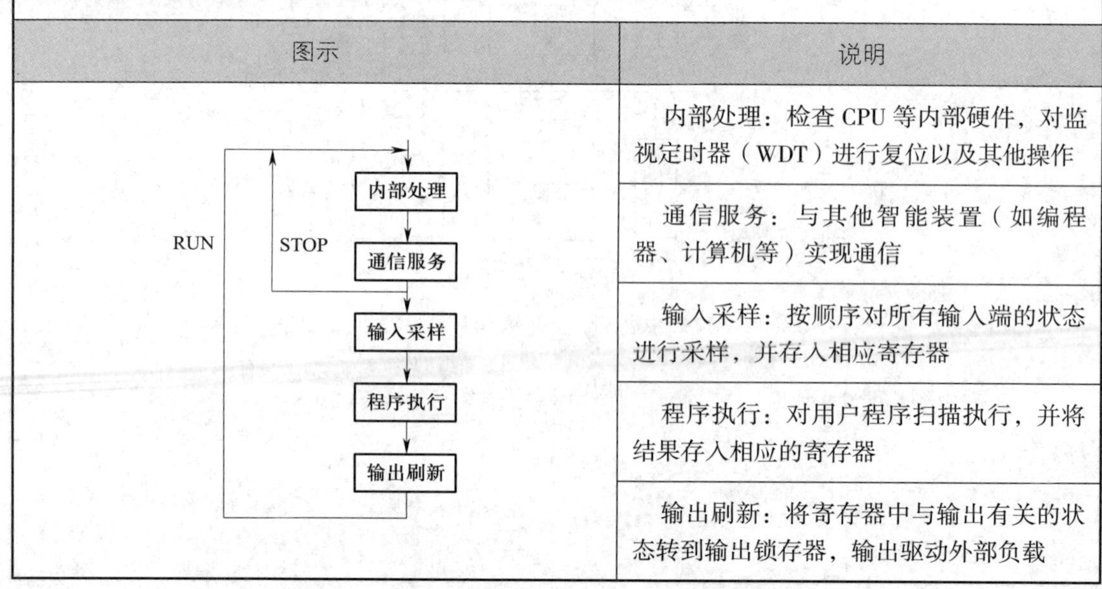 | 内部处理：检查 CPU 等内部硬件，对监视定时器（WDT）进行复位以及其他操作 |
| | 通信服务：与其他智能装置（如编程器、计算机等）实现通信 |
| | 输入采样：按顺序对所有输入端的状态进行采样，并存入相应寄存器 |
| | 程序执行：对用户程序扫描执行，并将结果存入相应的寄存器 |
| | 输出刷新：将寄存器中与输出有关的状态转到输出锁存器，输出驱动外部负载 |

（2）认识 PLC 的编程语言

PLC 编程语言认识表

PLC 软件包括________和________两大部分。

________是由 PLC 厂家编制的，用于控制 PLC 本身的运行，包含系统管理程序、用户指令解释程序、标准程序模块和系统调用三大部分，其功能的强弱直接决定 PLC 的性能。

用户程序是 PLC 的使用者通过编程语言来编制的，用于实现对具体生产过程的控制。三菱 FX 系列 PLC 标准的编程语言有 5 种，常用的有________（Instruction List，IL）、____________（Ladder Diagram，LD）和____________（Sequential Function Chart，SFC）三种。

1．梯形图

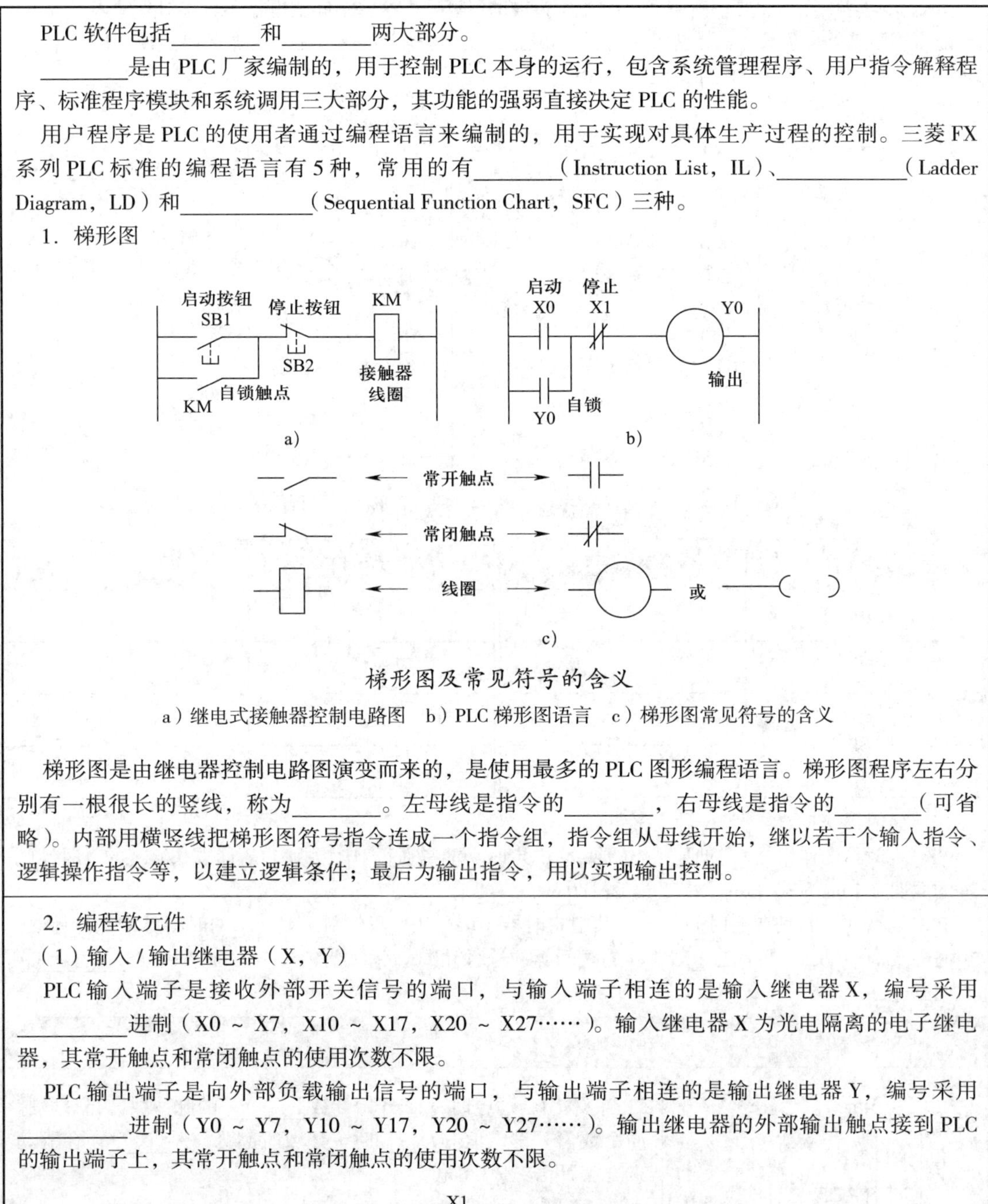


梯形图及常见符号的含义

a）继电式接触器控制电路图　b）PLC 梯形图语言　c）梯形图常见符号的含义

梯形图是由继电器控制电路图演变而来的，是使用最多的 PLC 图形编程语言。梯形图程序左右分别有一根很长的竖线，称为________。左母线是指令的________，右母线是指令的________（可省略）。内部用横竖线把梯形图符号指令连成一个指令组，指令组从母线开始，继以若干个输入指令、逻辑操作指令等，以建立逻辑条件；最后为输出指令，用以实现输出控制。

2．编程软元件

（1）输入 / 输出继电器（X，Y）

PLC 输入端子是接收外部开关信号的端口，与输入端子相连的是输入继电器 X，编号采用__________进制（X0 ~ X7，X10 ~ X17，X20 ~ X27……）。输入继电器 X 为光电隔离的电子继电器，其常开触点和常闭触点的使用次数不限。

PLC 输出端子是向外部负载输出信号的端口，与输出端子相连的是输出继电器 Y，编号采用__________进制（Y0 ~ Y7，Y10 ~ Y17，Y20 ~ Y27……）。输出继电器的外部输出触点接到 PLC 的输出端子上，其常开触点和常闭触点的使用次数不限。

X1
Y1
X2
Y2

PLC 输入 / 输出程序图例

续表

（2）辅助继电器（M）

在逻辑运算中经常需要一些中间继电器作为辅助计算用，这些中间继电器不直接对外输入、输出，不能直接驱动外部负载，通常称其为辅助继电器。辅助继电器的常开触点和常闭触点使用次数不限，按________进制编号，前面加英文字母 M。

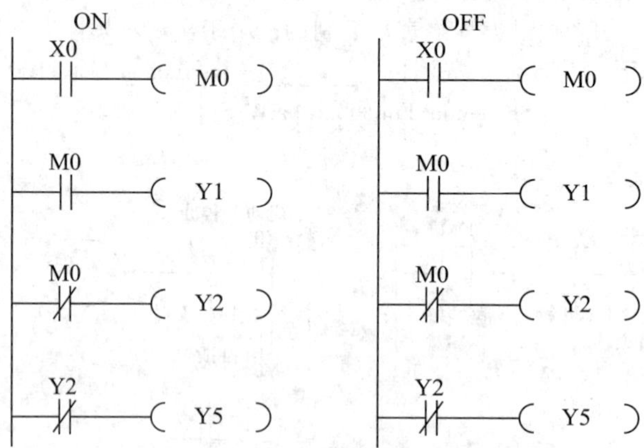


PLC 辅助继电器应用程序图例

| X0 为 ON | 状态 | X0 为 OFF | 状态 |
|---|---|---|---|
| M0 | | M0 | |
| Y1 | | Y1 | |
| Y2 | | Y2 | |
| Y5 | | Y5 | |

（3）定时器（T）

PLC 定时器的作用相当于时间继电器。它的定时功能是通过对时钟脉冲的计数来实现的。时钟脉冲的周期有 1 ms（=0.001 s）、10 ms 和 100 ms。

PLC 运行时会自动产生时间脉冲，其中定时器 T0 ~ T199 只针对________的时间脉冲进行计数；定时器 T200 ~ T245 只针对________的时间脉冲进行计数；定时器 T256 ~ T511 只针对________的时间脉冲进行计数。

| 图例 | 说明 |
|---|---|
| X0 ——( T0 K10 )<br>T0 ——( Y0 ) | 当 X0 闭合通电时，T0 开始计数________的脉冲数，当计数脉冲个数值 = 设定值________时（计数时间为________），会驱动 T0 触点闭合，Y0 得电<br>当 X0 断电后，计数值清零，定时器触点恢复原来的状态 |

常数 K：用于表示________进制常数。

常数 H：用于表示________进制常数。

续表

| （4）练习 | |
|---|---|
| 图例 | 分析 |
| X0 —┤├— (T0 K20)<br>X0 —┤├— T0 —┤/├— ( Y0 ) | 当 X0 为 ON 后，第 1.5 s、2.5 s 时 Y0 灯的状态： |
| X0 —┤├— T1 —┤/├— (T0 K20)<br>T0 —┤├— (Y0)<br>　　　　└— (T1 K10) | 当 X0 为 ON 后，第 1 s、2.5 s、4 s 时 Y0 灯的状态： |
| X0 —┤├— T1 —┤/├— (T0 K10)<br>T0 —┤├— ( Y0 )<br>　　　　└— (T1 K10)<br>T1 —┤├— ( Y1 ) | 当 X0 为 ON 后，Y0、Y1 灯的状态： |

3. 指令表

指令表是采用 PLC 指令助记符编写的程序，与计算机汇编语言类似。

如果使用手持式编程器输入程序，则必须将梯形图转换成指令表后再写入 PLC。

（1）逻辑取与串并联指令

| 功能或逻辑运算 | 指令 | 功能或逻辑运算 | 指令 |
|---|---|---|---|
| 常开触点 | | 或 | |
| 常闭触点 | | 或非 | |
| 与 | | 输出 | |
| 与非 | | | |

续表

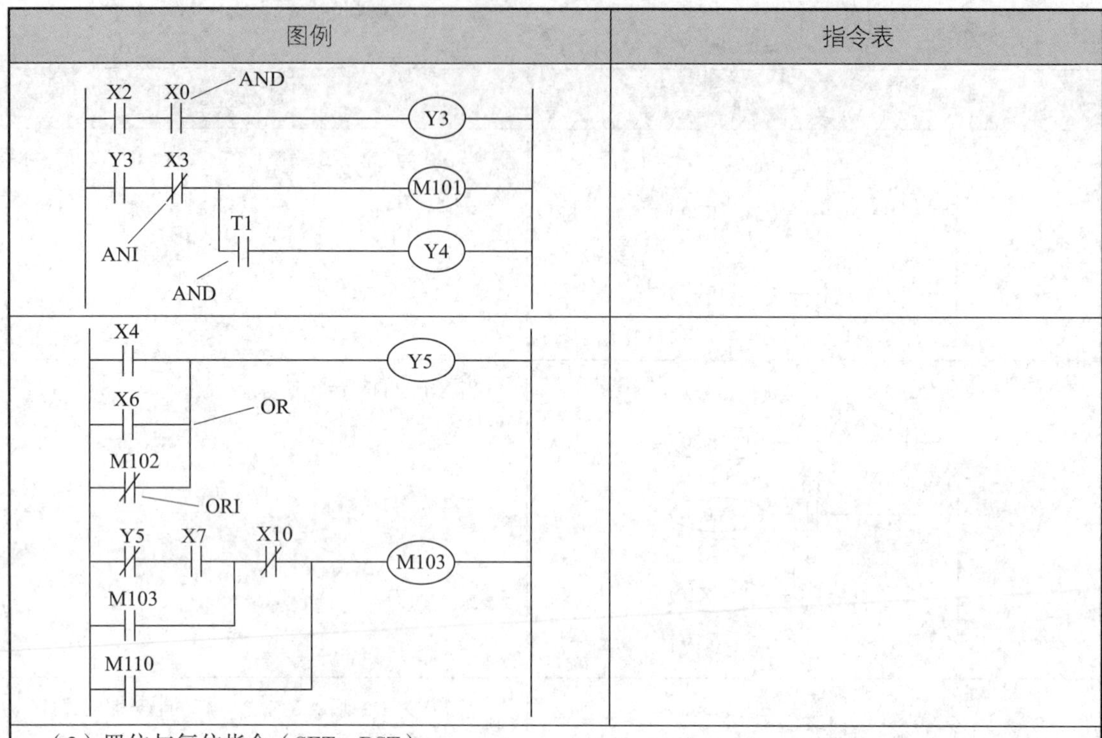


（2）置位与复位指令（SET、RST）

SET：动作保持。

RST：消除动作保持，当前值及寄存器清零。

| 图例 | 指令表 | 时序图 |
| --- | --- | --- |
| X0 SET Y0<br>X1 RST Y0 |  | X0<br>X1<br>Y0 |

（3）边沿检测脉冲指令（LDP、LDF）

LDP：脉冲上升沿检测运算开始。

LDF：脉冲下降沿检测运算开始。

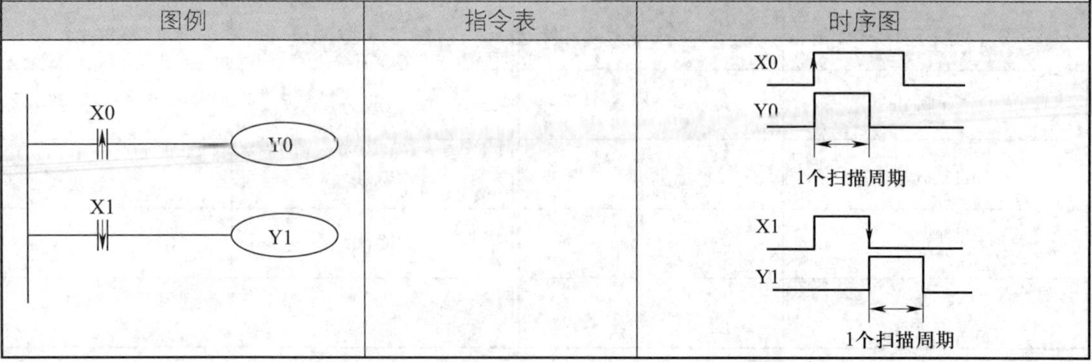

续表

| （4）练习 | | |
|---|---|---|
| 基本电路 | 梯形图 | 指令表 |
| 延时电路 | X0 —┤├— (T0 K30)<br>T0 —┤├— (Y0) | |
| | X0 —┤├— (T0 K10)<br>T0 —┤├— (T1 K20)<br>T1 —┤├— (Y0) | |
| 自锁电路 | X1 —┤├— X2 —┤/├— (Y0)<br>Y0 —┤├—（与 X1 并联） | |
| 限时电路 | X0 —┤├— (T0 K10)<br>T0 —┤├— (T1 K10)<br>T1 —┤/├— (Y0) | |

4．顺序功能图

顺序功能图类似于流程设计图，又称为__________，是用于规划动作顺序的流程图，要求一步一步控制，每一步与上一步是有关联性、有顺序性的，必须有上一个动作，才会启动下一个动作。顺序功能图表示了这种动作或状态的顺序、触发条件和结束条件。

顺序功能图包含梯形图块和 SFC 块。SFC 块由________、________和 SFC 块内的梯形图程序组成，除此之外的其他梯形图程序放在梯形图块中。

（3）PLC 通信操作实施

PLC 通信操作实施

| 工作项目 | 工作内容 | 工作过程及图示 | 评分标准 | 配分（分） | 得分 |
|---|---|---|---|---|---|
| 1. 电缆连接 | 连接 PLC 通信电缆 | 采用 8 针 RS-422 圆头电缆，对准电缆和主机上的“对位置用标记”，插入电缆 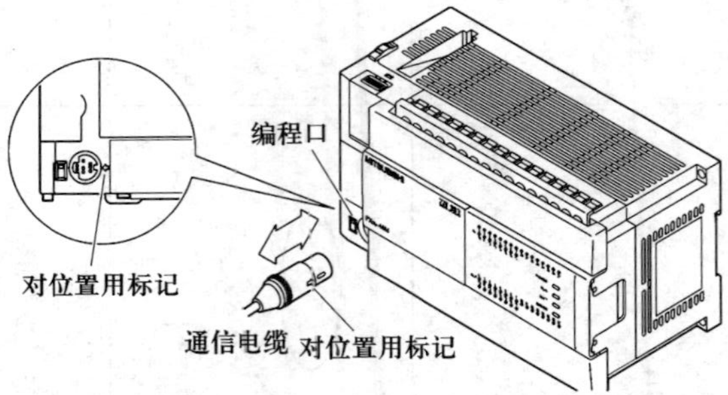<br>编程口 对位置用标记 通信电缆 对位置用标记<br>三菱RS-422接口标识 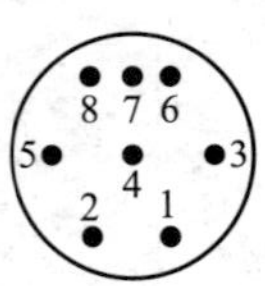<br>• 1 RxD−<br>• 2 RxD+<br>• 3 $+V_{CC}$<br>• 4 TxD+<br>• 5 GND<br>• 6 $+V_{CC}$<br>• 7 TxD−<br>• 8 GND | 每错一处扣 5 分 | 5 | |
| 2. GX Developer 编程软件的使用 | （1）打开软件 | 双击桌面“  ”图标，打开软件 | 每错一处扣 5 分 | 5 | |
| | （2）新建工程 | 单击“工程”菜单，选择“新建” 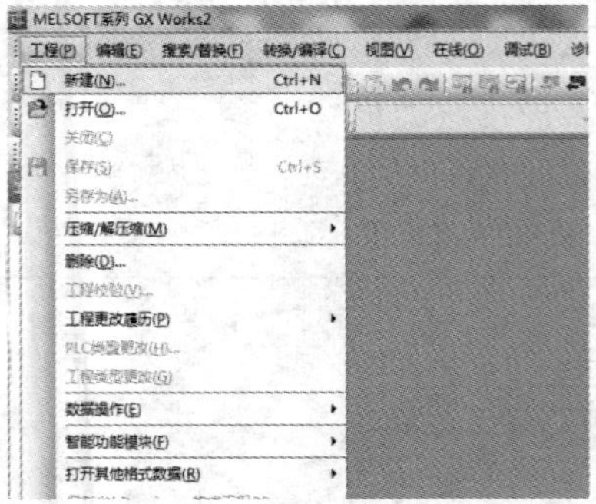 | 每错一处扣 5 分 | 5 | |

续表

| 工作项目 | 工作内容 | 工作过程及图示 | 评分标准 | 配分（分） | 得分 |
| --- | --- | --- | --- | --- | --- |
| 2．GX Developer 编程软件的使用 | （3）选择 PLC 的型号 | 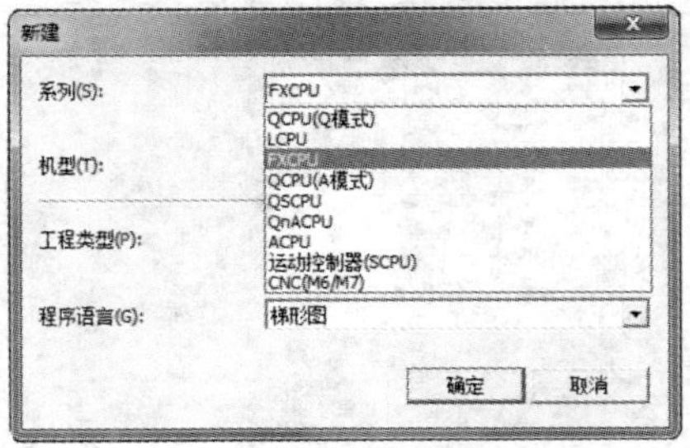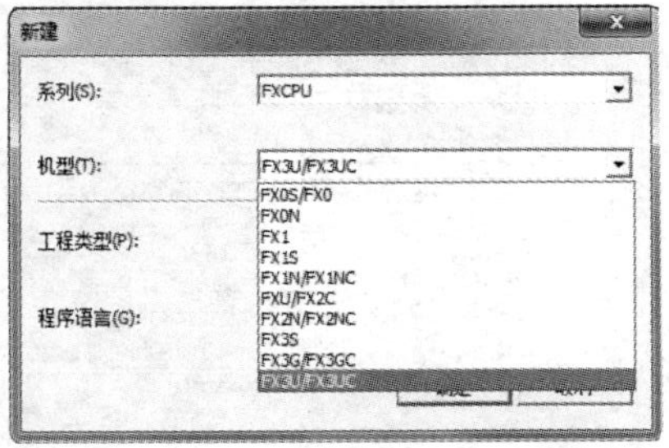 | 每错一处扣5分 | 10 | |
| | （4）通信设置　1）确认 COM 端口 | 打开计算机“属性”→“设备管理器”，选择 COM 端口进行查看 | 每错一处扣5分 | 5 | |
| | 2）更改 COM 端口设置 | ①双击“连接目标”→“Connection1”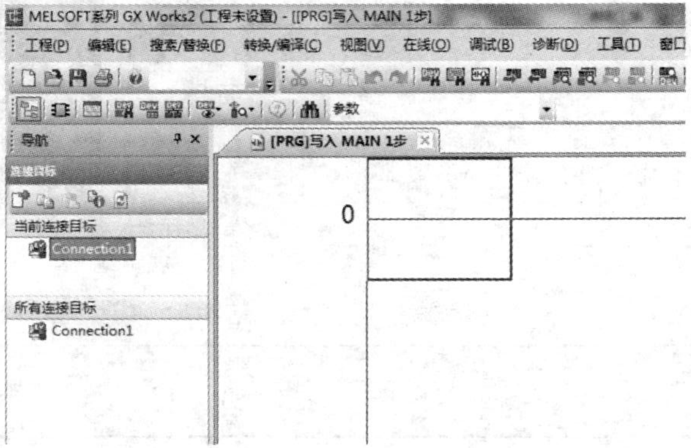 | 每错一处扣5分 | 10 | |

续表

<table>
<tr><th>工作项目</th><th colspan="2">工作内容</th><th>工作过程及图示</th><th>评分标准</th><th>配分（分）</th><th>得分</th></tr>
<tr><td rowspan="2">2. GX Developer 编程软件的使用</td><td>（4）通信设置</td><td>2）更改 COM 端口设置</td><td>②双击“Serial USB”，更改 COM 端口<br>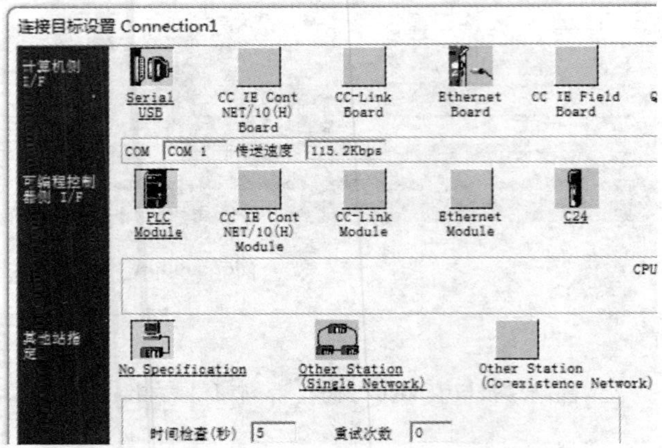
</td><td>每错一处扣 5 分</td><td>10</td><td></td></tr>
<tr><td colspan="2">（5）通信测试</td><td>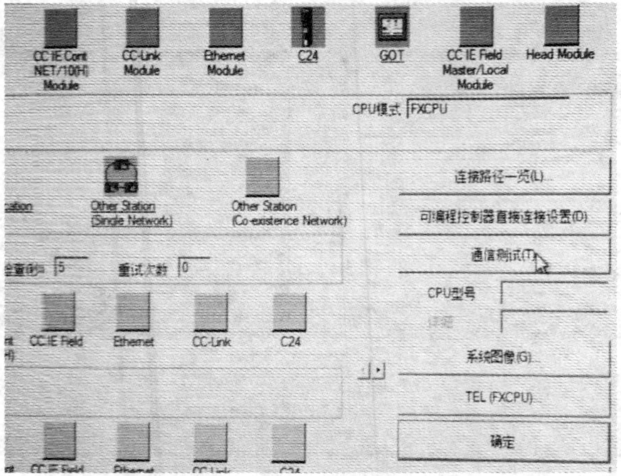
</td><td>每错一处扣 5 分</td><td>20</td><td></td></tr>
</table>

续表

| 工作项目 | 工作内容 | 工作过程及图示 | 评分标准 | 配分（分） | 得分 |
| --- | --- | --- | --- | --- | --- |
| 2. GX Developer 编程软件的使用 | （5）通信测试 | 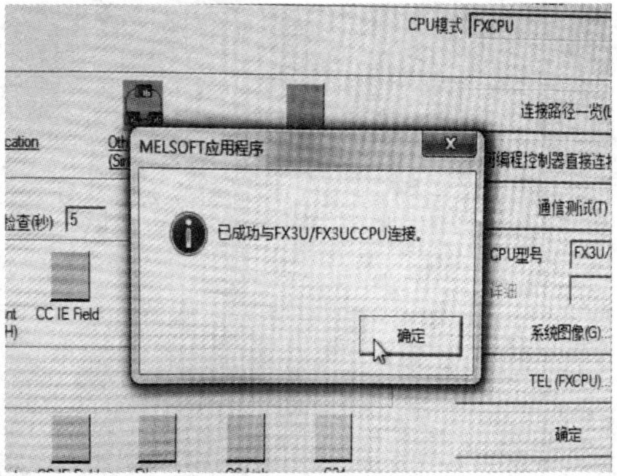  | 每错一处扣 5 分 | 20 |  |
| 3. 程序写入 | 电路编程及程序写入 | 简单电路编程及程序写入 | 每错一处扣 5 分 | 40 |  |
| 合计：　　分 | | | | | |

2．PLC、变频器组合控制电梯上下行操作

为了检测 PLC、变频器组合控制电梯上下行，设计如下控制要求：

◆ 按“正转启动”按钮后，接触器 KM 先行动作，经过 5 s，电动机运行。

◆ 电动机经过 3 s 达到 45 Hz 正常运行。

◆ 接触器 KM 动作后，在电动机启动前，有指示灯闪烁工作，频率为 1 Hz。

◆ 按“停止”按钮，电动机在 2 s 后由 45 Hz 降为 0 Hz 并停止。

◆ 电动机停止后经过 3 s，接触器 KM 释放。

（1）任务分析

任务分析表

| 启动分析： |
| --- |
| 停止分析： |

（2）控制系统 I/O 分配及接线图设计

控制系统 I/O 分配及接线图设计

<table>
<tr><td colspan="9">1．I/O 分配</td></tr>
<tr><td>I 分配</td><td>正转</td><td></td><td>反转</td><td></td><td>停止</td><td colspan="3"></td></tr>
<tr><td>O 分配</td><td>接触器</td><td></td><td>指示灯</td><td></td><td>S1</td><td></td><td>S2</td><td></td></tr>
<tr><td colspan="9">2．接线图设计</td></tr>
</table>

（3）变频器控制参数设置

变频器控制参数设置

| 参数 | 名称 | 设定值 |
| --- | --- | --- |
|  |  |  |
|  |  |  |
|  |  |  |
|  |  |  |
|  |  |  |
|  |  |  |
|  |  |  |

（4）PLC 程序设计

PLC 程序设计

（5）PLC、变频器组合控制电梯上下行操作实施

PLC、变频器组合控制电梯上下行操作实施

| 工作项目 | 工作内容 | 图示与记录 | 评分标准 | 配分（分） | 得分 |
|---|---|---|---|---|---|
| 1. 端子接线及通电 | 按设计的接线图接线；检查主电路及控制电路；接通电源，检查PLC、变频器的初始状态 |  | 每错一处扣5分 | 30 | |
| 2. 设定变频器参数 | 设定变频器基本参数 | 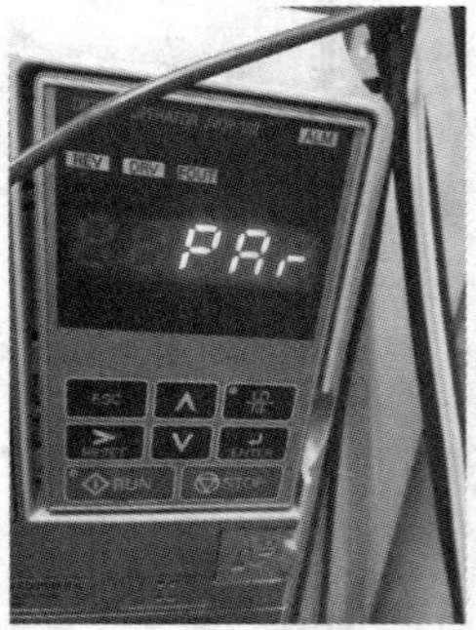 列出变频器参数及设定值： | 每错一处扣5分 | 15 | |

续表

| 工作项目 | 工作内容 | 图示与记录 | 评分标准 | 配分（分） | 得分 |
|---|---|---|---|---|---|
| 3．PLC 编程及程序写入 | 完成 PLC 编程及程序写入 |   | 每错一处扣 5 分 | 25 |  |
| 4．运行检查 | 按控制要求，用外部按钮控制电机正反转 | 运行现象：<br>正转：<br>反转： | 每错一处扣 5 分 | 30 |  |
| 合计：　　分 | | | | | |

## 三、PLC、变频器组合控制电梯多段速运行

1．PLC、变频器组合控制电梯多段速运行准备

（1）认识旋转编码器

旋转编码器认识表

<table>
<tr><td>
1．认识旋转编码器<br>
旋转编码器是集光机电技术于一体的速度位移传感器。它分为单路输出和双路输出两种，技术参数主要有________（几十个到几千个都有）和供电电压等。单路输出是指旋转编码器的输出是一组脉冲，而双路输出的旋转编码器输出两组相位差________的脉冲，通过这两组脉冲不仅可以测量________，还可以判断旋转的________。<br>
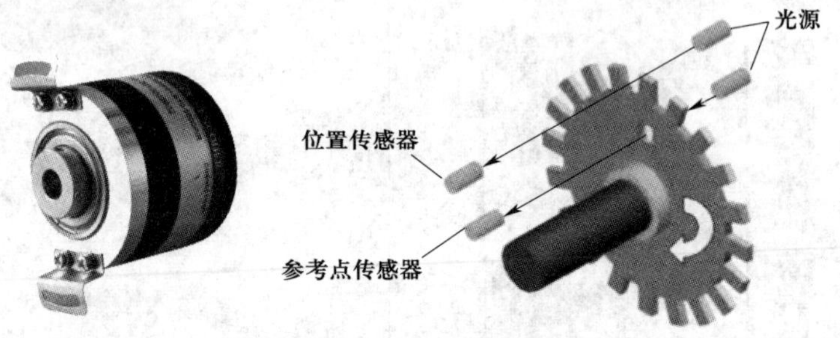<br>
<br>
旋转编码器的外形及结构
</td></tr>
<tr><td>
2．增量式旋转编码器的工作原理<br>
（1）参考下图，写出增量式旋转编码器的工作原理。<br>
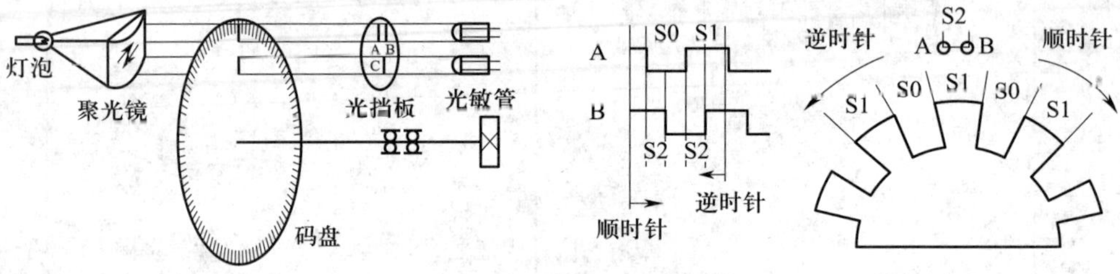<br>
<br>
增量式旋转编码器的工作原理
</td></tr>
</table>

续表

（2）参考增量式旋转编码器三相信号时序图，对增量式旋转编码器三相信号进行解读。

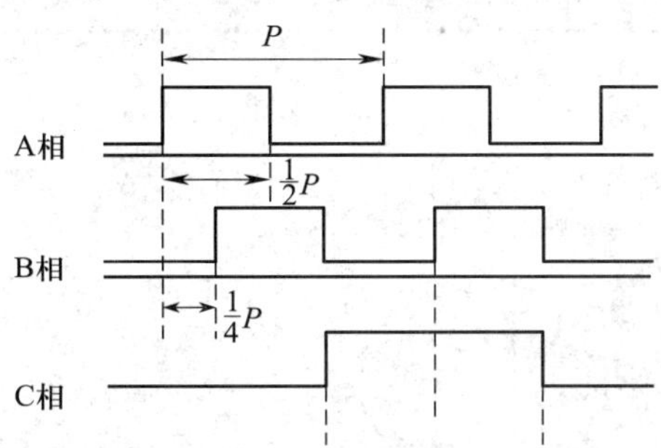


增量式旋转编码器三相信号时序图

（3）简述零位脉冲的定义、作用及如何准确测量零位脉冲。

（2）变频器 PG 卡安装与接线

变频器 PG 卡安装与接线

1. PG 卡的安装

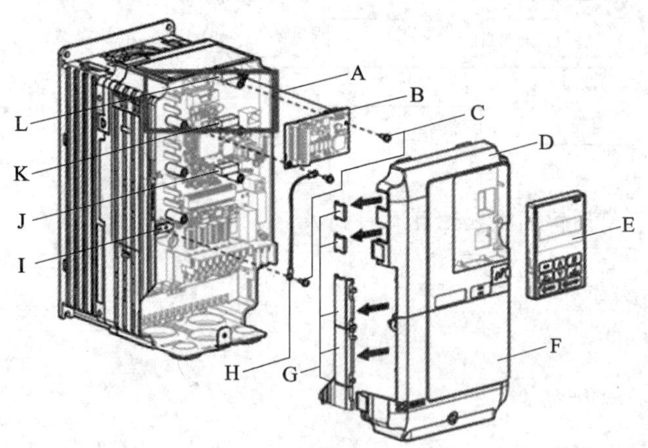


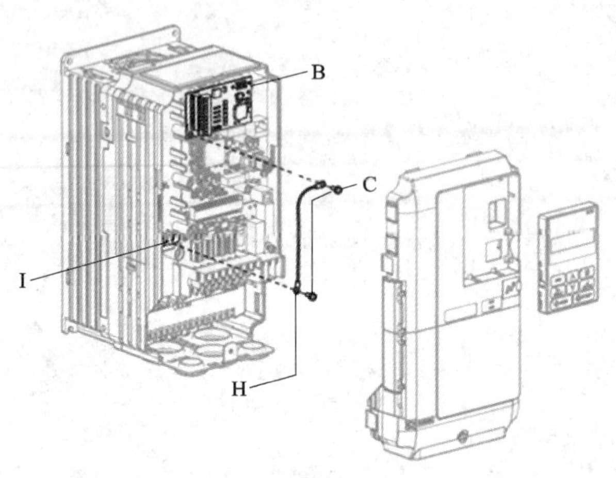

变频器 PG 卡的安装位置

A—插入变频器连接用插头（CN5） B—选购卡 C—螺钉 D—前外罩 E—操作器 F—端子外罩 G—电缆接线空间盖（可去除） H—导线 I—变频器侧接地端子（FE） J—插口 CN5-A K—插口 CN5-B L— 插口 CN5-C

安装两张 PG 卡（选购卡）时，安装在 CN5-C 和 CN5-B 上；只安装 1 张 PG 卡时，安装在________上。

续表

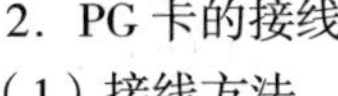

2. PG 卡的接线

（1）接线方法

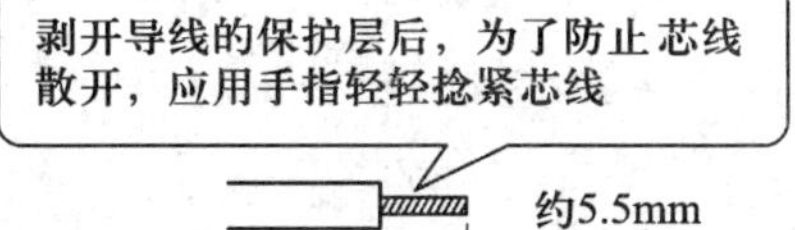


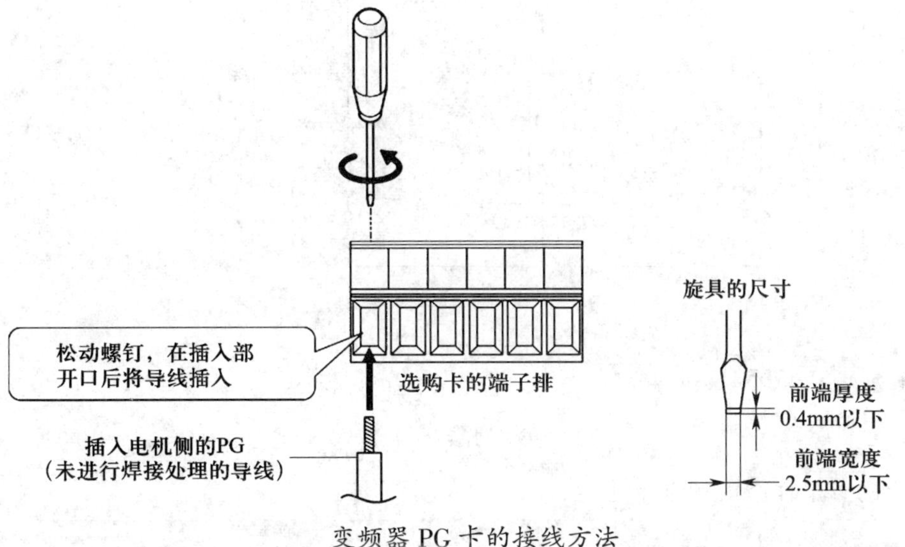


变频器 PG 卡的接线方法

（2）接线注意事项

1）信号线需使用屏蔽线。屏蔽线的包层应使用热缩管或绝缘胶带与外界进行隔离，以免与其他导线接触。如果绝缘不充分，可能会导致电路短路，PG 卡、变频器动作不良或损坏。

2）补码型的 PG 卡接线长度不超过 100 m，集电极开路型的 PG 卡接线长度不超过 50 m。

3）需将 PG 卡的控制信号线与主电路线、动力线、继电器驱动电路线及电力线分开。

续表

3. PG–B3 端子功能

（1）PG–B3 的接线端子

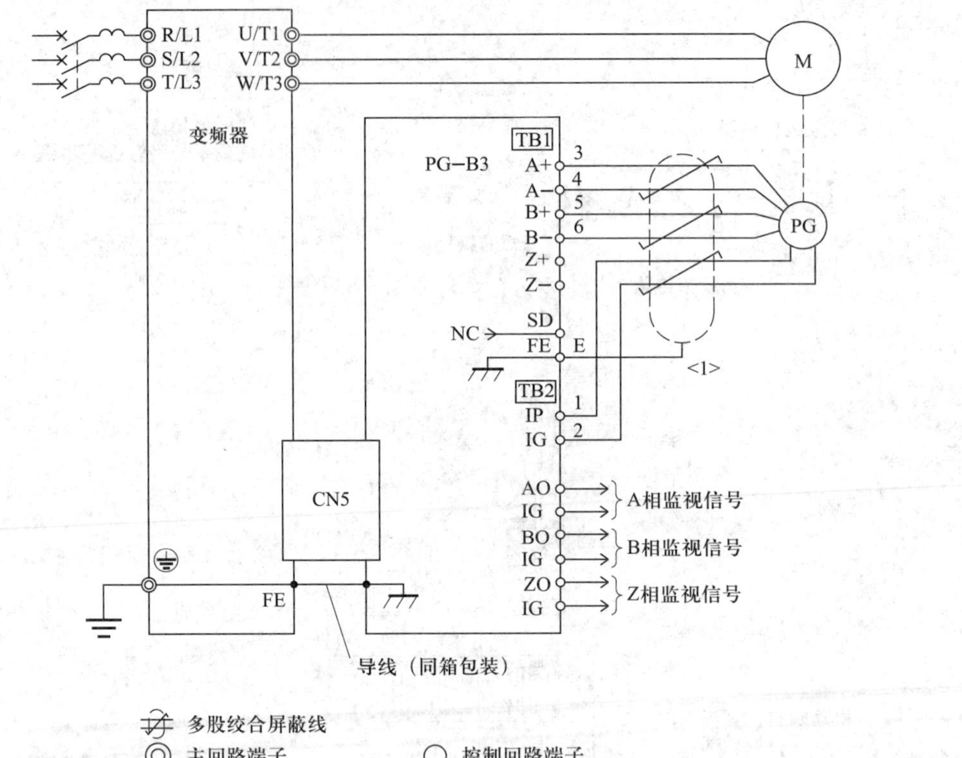


PG–B3 的接线端子

（2）PG–B3 端子的名称、功能及说明

| 端子排 | | 端子名称 | 端子功能 | 端子说明 |
|---|---|---|---|---|
| TB1 TB2 | TB1 | A+ | A 相信号输入 + 侧 | ·输入来自 PG 的脉冲信号<br>·输入选购卡的信号适用于补码型、集电极开路型<br>·信号电平<br>H 电平：8 ~ 12 V<br>L 电平：2 V 以下 |
| | | A– | A 相信号输入 – 侧 | |
| | | B+ | B 相信号输入 + 侧 | |
| | | B– | B 相信号输入 – 侧 | |
| | | Z+ | Z 相信号输入 + 侧 | |
| | | Z– | Z 相信号输入 – 侧 | |
| | | SD | NC 针（开路） | 在屏蔽层不接地时进行连接 |
| | | FE | 接地 | 在屏蔽层接地时进行连接 |

续表

| 端子排 | | 端子名称 | 端子功能 | 端子说明 |
|---|---|---|---|---|
| TB1 A+ A- B+ B- Z+ Z- SD FE; IP IG AO IG BO IG ZO IG; TB2 | TB2 | IP | PG 电源 | ·输出电压：+12 V ± 5%<br>·最大输出电流：200 mA |
| | | IG | PG 电源用公共点 | |
| | | AO | A 相监视信号 | ·从 PG 速度控制卡输出 A 相、B 相、Z 相的监视信号<br>·来自控制卡的输出信号为集电极开路型<br>·最大电压：24 V<br>·最大电流：30 mA<br>·仅选择 A 相输入时，监视输出固定为 1 倍<br>·选择 A、B 相输入时，以 F1–06（PG1 的分频比）或 F1–35（PG2 的分频比）中设定的分频比进行监视输出 |
| | | BO | B 相监视信号 | |
| | | ZO | Z 相监视信号 | |
| | | IG | 监视信号用公共点 | |

（3）PG–B3 端子的接线参数

| 端子名称 | 螺钉规格 | 紧固力矩（N·m） | 裸线：推荐导线（AWG，$mm^2$） | 裸线：适用的导线（AWG，$mm^2$） | 使用棒端子时：推荐导线（AWG，$mm^2$） | 使用棒端子时：适用的导线（AWG，$mm^2$） | 导线材质 |
|---|---|---|---|---|---|---|---|
| A+、A–、B+、B–、Z+、Z–、FE、IP、IG | M2 | 0.22 ~ 0.25 | 0.75（18） | 绞合线：0.25 ~ 1.0（24 ~ 17），单芯线：0.25 ~ 1.5（24 ~ 16） | 0.5（20） | 0.25 ~ 0.5（24 ~ 20） | 双绞屏蔽线等 |
| AO、IG、BO、IG、ZO、IG | | | | | | | 屏蔽线等 |

| 图示 | 导线尺寸（AWG，$mm^2$） | 型号 | $L$［mm（in）］ | $d_1$［mm（in）］ | $d_2$［mm（in）］ |
|---|---|---|---|---|---|
| $d_1$　6mm　$d_2$　$L$ | 0.25（24） | AI 0.25–6YE | 10.5（13/32） | 0.8（1/32） | 2（5/64） |
| | 0.34（22） | AI 0.34–6TQ | 10.5（13/32） | 0.8（1/32） | 2（5/64） |
| | 0.5（20） | AI 0.5–6WH | 14（9/16） | 1.1（3/64） | 2.5（3/32） |

续表

（4）PG-B3 专用 PG 电缆

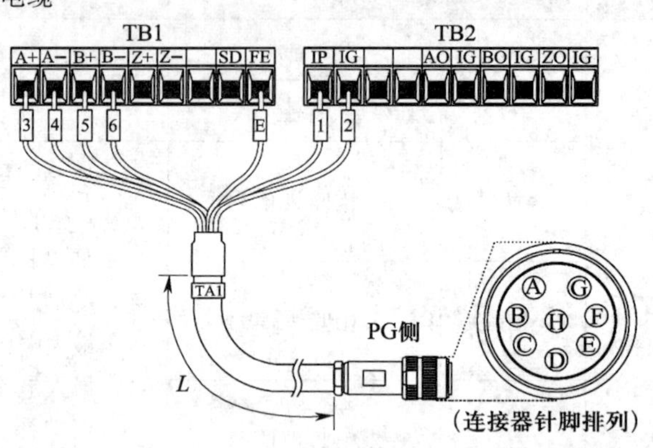


PG-B3 专用 PG 电缆

| 选购卡<br>端子名称 | PG 电缆 | | |
|---|---|---|---|
| | 线编号 | 颜色 | 针编号 |
| IP | 1 | 蓝 | C |
| IG | 2 | 白 | H |
| A+ | 3 | 黄 | B |
| A− | 4 | 白 | G |
| B+ | 5 | 绿 | A |
| B− | 6 | 白 | F |
| FE | E | 无（屏蔽） | D |

4．PG-B3 安装与接线

进行 PG-B3 的安装与接线。

（3）变频器控制参数设置

变频器控制参数设置

1．变频器控制模式选择

| No. | 名称 | 设定范围 | 出厂设定 | 修改参数 |
|---|---|---|---|---|
| —— | 控制模式选择 | 0、1、2、3、5、6、7<br>0：无 PG V/f 控制 | —— | —— |

续表

| No. | 名称 | 设定范围 | 出厂设定 | 修改参数 |
| --- | --- | --- | --- | --- |
| —— | 控制模式选择 | 1：带 PG V/f 控制<br>2：无 PG 矢量控制<br>3：带 PG 矢量控制<br>5：PM 用无 PG 矢量控制<br>6：PM 用无 PG 高级矢量控制<br>7：PM 用带 PG 矢量控制 | —— | —— |

2．变频器 PG 卡相关参数

| No. | 名称 | 设定范围 | 出厂设定 |
| --- | --- | --- | --- |
| F1-01 | PG1 的参数 | 设定使用的 PG（脉冲发生器、编码器）的脉冲数 | 出厂设定：______<br>最小值：1 ppr[①]<br>最大值：60 000 ppr |
| F1-02 | PGO（PG 断线）检出时的动作选择 | 0：减速停止（按 C1-02 的减速时间停止）<br>1：自由运行停止<br>2：紧急停止（按 C1-09 的紧急停止时间减速停止）<br>3：继续运行（为了保护电机和机械部件，通常不设定）<br>4：继续运行（不显示警报：通常不设定） | 出厂设定：______<br>最小值：0<br>最大值：4 |
| F1-03 | 发生 OS（过速）时的动作选择 | 0：减速停止（按 C1-02 的减速时间停止）<br>1：自由运行停止<br>2：紧急停止（按 C1-09 的紧急停止时间减速停止）<br>3：继续运行 | 出厂设定：______<br>最小值：0<br>最大值：3 |
| F1-04 | DEV（速度偏差过大）检出时的动作选择 | 0：减速停止（按 C1-02 的减速时间停止）<br>1：自由运行停止<br>2：紧急停止（按 C1-09 的紧急停止时间减速停止）<br>3：继续运行（显示 DEV，继续运行） | 出厂设定：______<br>最小值：0<br>最大值：3 |
| F1-05 | PG1 旋转方向设定 | 0：电机正转时 A 相超前<br>1：电机正转时 B 相超前 | 出厂设定：根据 A1-02（控制模式的选择）的设定而异<br>最小值：0<br>最大值：1 |

① ppr：pulse per rad。

续表

| No. | 名称 | 设定范围 | 出厂设定 |
|---|---|---|---|
| F1-06 | PG1 的输出分频比 | 设定 PG 卡脉冲输出的分频比，可设定为 1/32 ~ 1<br>仅输入 A 相脉冲时，无论 F1-06 的设定如何，监视脉冲输出均为 1 倍<br>设定值为 $xyz$ 时，分频比 =（1+$x$）/$yz$ | 出厂设定：______<br>最小值：1<br>最大值：132 |
| F1-12 | PG1 的齿轮齿数 1 | 设定电机和 PG 间齿轮的齿数（减速比）：<br>$电机转速（r/min）=\frac{来自PG的输入脉冲频率\times 60}{F1-01}\times\frac{F1-13}{F1-12}$ | 出厂设定：______<br>最小值：0<br>最大值：1 000 |
| F1-13 | PG1 的齿轮齿数 2 | F1-13：负载侧齿轮数，F1-12：电机侧齿轮数<br>将 F1-12 或 F1-13 设定为 0 时，减速比 =1 | 出厂设定：______<br>最小值：0<br>最大值：1 000 |

当为 2 相脉冲和 3 相脉冲 PG 时，根据 90° 超前的脉冲来判别旋转方向。来自 PG 的输出为“A 相比 B 相超前 90°”时，电机正转（从负载侧看为逆时针旋转）。

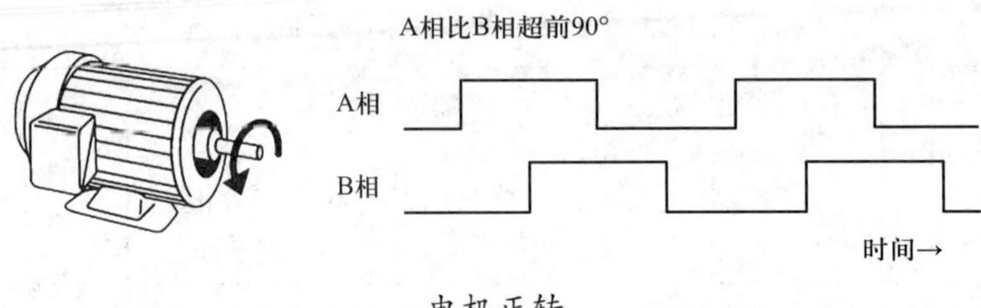


电机正转

顺时针转动电机时，如果 B 相比 A 相超前 90°，有以下两种处理方法：

（1）将参数________（PG1 的旋转方向）设定为 1。

（2）将 A 相和 B 相的信号线对换，然后再与 PG 卡连接，如下图所示。

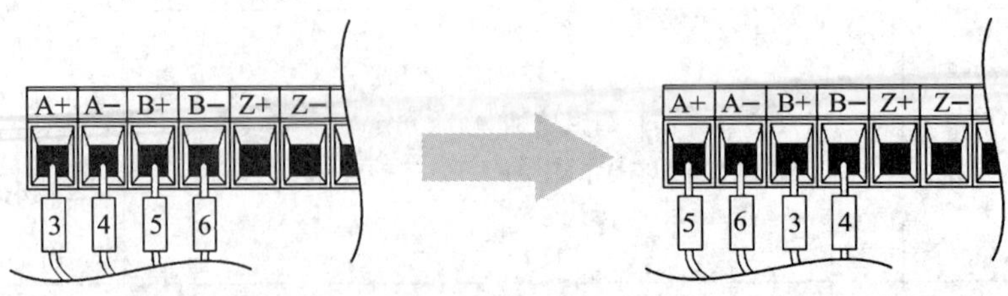


将 A 相和 B 相的信号线对换后与 PG 卡连接

2．PLC、变频器组合控制电梯多段速运行操作

为了检测 PLC、变频器组合控制电梯多段速运行，设计如下控制要求：

◆ 电梯运行频率为 48 Hz，爬行频率为 4 Hz，检修频率为 15 Hz。

◆ 三段速度控制要求用变频器的两个接点来控制。

◆ 电梯的上升和下降用变频器的两个接点来控制。

◆ 平层停车、减速爬行、上升和下降以及检修的输入信号由外部开关和按钮控制。

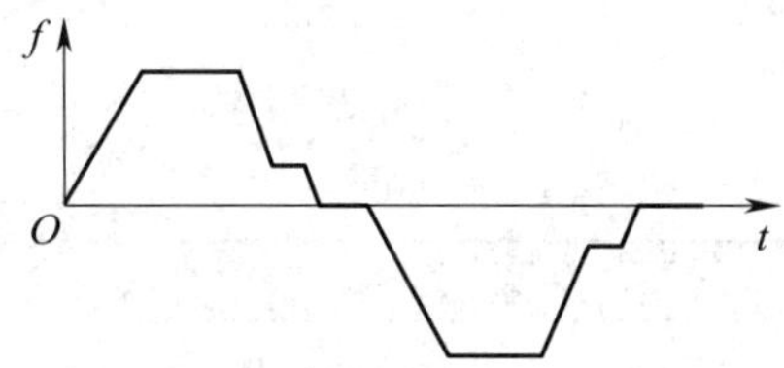


PLC、变频器组合控制电梯多段速运行曲线

（1）任务分析

任务分析表

| 上行：________Hz；减速：________Hz；平层：________Hz |
|---|
| 下行：________Hz；减速：________Hz；平层：________Hz |
| 检修：上行________Hz；下行________Hz |

（2）控制系统 I/O 分配及接线图设计

控制系统 I/O 分配及接线图设计

<table>
<tr><td colspan="7">1．I/O 分配</td></tr>
<tr><td rowspan="2">I 分配</td><td>正转</td><td></td><td>反转</td><td></td><td>减速</td><td></td></tr>
<tr><td>停止</td><td></td><td>检修</td><td colspan="3"></td></tr>
<tr><td rowspan="2">O 分配</td><td>S1</td><td></td><td>S2</td><td></td><td>S5（4 Hz）</td><td></td></tr>
<tr><td>S6（点动，15 Hz）</td><td colspan="5"></td></tr>
</table>

续表

| 2．接线图设计 |
| --- |
| |

（3）变频器控制参数设置

变频器控制参数设置

| 参数 | 名称 | 设定值 |
| --- | --- | --- |
| | | |
| | | |
| | | |
| | | |
| | | |
| | | |
| | | |
| | | |
| | | |

（4）PLC 程序设计

| |
| --- |
| |

PLC 程序设计

（5）PLC、变频器组合控制电梯多段速运行操作实施

PLC、变频器组合控制电梯多段速运行操作实施

| 工作项目 | 工作内容 | 图示与记录 | 评分标准 | 配分（分） | 得分 |
|---|---|---|---|---|---|
| 1. 端子接线及通电 | 按设计的接线图接线；检查主电路及控制电路；接通电源，检查 PLC、变频器的初始状态 |   | 每错一处扣 5 分 | 30 |  |
| 2. 设定变频器参数 | 设定变频器基本参数 |  列出变频器参数及设定值： | 每错一处扣 5 分 | 15 |  |

续表

| 工作项目 | 工作内容 | 图示与记录 | 评分标准 | 配分（分） | 得分 |
| --- | --- | --- | --- | --- | --- |
| 3．PLC 编程及程序写入 | 完成 PLC 编程及程序写入 |  | 每错一处扣 5 分 | 25 |  |
| 4．运行检查 | 按控制要求，用外部按钮控制电机正常运行、减速和检修运行 | 运行现象：<br>正常运行：<br>检修运行： | 每错一处扣 5 分 | 30 |  |
| 合计：　　分 |  |  |  |  |  |

完成 PLC 的更换安装、接线、调试等操作后，将电梯控制程序写入 PLC，就可以进行下一步的电梯整机调试工作。

# 学习活动 4　工作总结与评价

## 学习目标

1. 能按分组情况，派代表展示工作成果，说明本次任务的完成情况，并做分析总结。

2. 能结合任务完成情况，正确规范地撰写工作总结。

3. 能就本次任务中出现的问题提出改进措施。

4. 能对学习与工作进行反思，并能与他人开展良好合作，进行有效沟通。

建议学时　6 学时

## 学习过程

### 一、个人、小组评价

以小组为单位，选择演示文稿、展板、海报、视频等形式中的一种或几种，向全班展示、汇报检修成果。在展示的过程中，以小组为单位进行评价；评价完成后，根据其他小组对本组展示成果的评价意见进行归纳总结。

汇报思路设计：

其他小组成员的评价意见：

## 二、教师评价

认真听取教师对本小组展示成果优缺点以及在完成任务过程中出现的亮点和不足的评价意见，并做好记录。

1. 教师对本小组展示成果优点的点评。

2. 教师对本小组展示成果缺点及改进方法的点评。

3. 教师对本小组在整个任务完成过程中出现的亮点和不足的点评。

## 三、工作过程回顾及总结

1．在团队学习过程中，项目负责人给你分配了哪些工作任务？你是如何完成的？还有哪些需要改进的地方？

2．总结在完成电梯 PLC 烧毁故障检修任务过程中遇到的问题和困难，列举 2 ～ 3 点你认为比较值得和其他同学分享的工作经验。

3．回顾本学习任务的工作过程，对新学专业知识和技能进行归纳和整理，撰写工作总结。

| |
|---|
| |

## 评价与分析

按照客观、公正和公平原则，在教师的指导下按自我评价、小组评价和教师评价三种方式对自己或他人在本学习任务中的表现进行综合评价。综合等级按：A（90 ~ 100）、B（75 ~ 89）、C（60 ~ 74）、D（0 ~ 59）四个级别进行填写。

学习任务综合评价表

| 考核项目 | 评价内容 | 配分（分） | 评价分数 | | |
|---|---|---|---|---|---|
| | | | 自我评价 | 小组评价 | 教师评价 |
| 职业素养 | 劳动保护用品穿戴完备，仪容仪表符合工作要求 | 5 | | | |
| | 安全意识、责任意识强 | 6 | | | |
| | 积极参加教学活动，按时完成各项学习任务 | 6 | | | |
| | 团队合作意识强，善于与人交流和沟通 | 6 | | | |
| | 自觉遵守劳动纪律，尊敬师长，团结同学 | 6 | | | |
| | 爱护公物，节约材料，管理现场符合 6S 标准 | 6 | | | |
| 专业能力 | 专业知识扎实，有较强的自学能力 | 10 | | | |
| | 操作积极，训练刻苦，具有一定的动手能力 | 15 | | | |
| | 技能操作规范，遵循检修工艺，工作效率高 | 10 | | | |
| 工作成果 | 故障检修符合工艺规范，质量高 | 20 | | | |
| | 工作总结符合要求 | 10 | | | |
| 总分 | | 100 | | | |
| 总评 | 自我评价 ×20%+ 小组评价 ×20%+ 教师评价 ×60%= | 综合等级 | 教师（签名）： | | |